心动力丛书

随心

女性的自我启发书

[日] 弘子·格蕾丝 著

任 艳 译

中国科学技术出版社

·北 京·

图书在版编目（CIP）数据

随心：女性的自我启发书 /（日）弘子·格蕾丝
著；任艳译 . -- 北京：中国科学技术出版社，2023.6（2024.6 重印）
（心动力丛书）
ISBN 978-7-5236-0183-9

I. ①随… II. ①弘… ②任… III. ①女性－成功心
理－通俗读物 IV. ① B848.4-49

中国国家版本馆 CIP 数据核字（2023）第 058966 号

KEKKYOKU, KOKORO NI SHITAGATTA HOU GA UMAKU IKU
Copyright © Hiroko Grace
First published in Japan in 2022 by DAIWA SHOBO Co., Ltd.
Language translation rights arranged with DAIWA SHOBO Co., Ltd.
through Shanghai To-Asia Culture Communication Co., Ltd
Language edition copyright 2022 by China Science and Technology Press Co., Ltd.

版权登记号：01-2023-2241

策划编辑	符晓静　王晓平
责任编辑	王晓平
封面设计	沈　琳
正文设计	中文天地
责任校对	张晓莉
责任印制	徐　飞

出　　版	中国科学技术出版社
发　　行	中国科学技术出版社有限公司
地　　址	北京市海淀区中关村南大街16号
邮　　编	100081
发行电话	010-62173865
传　　真	010-62173081
网　　址	http://www.cspbooks.com.cn

开　　本	880mm×1230mm　1/32
字　　数	112千字
印　　张	6
版　　次	2023年6月第1版
印　　次	2024年6月第2次印刷
印　　刷	北京荣泰印刷有限公司
书　　号	ISBN 978-7-5236-0183-9 / B·131
定　　价	58.00元

前　言

　　我常年居住在美国纽约和洛杉矶，并开办了自己的公司，拥有 25 年以上的企业经营管理经验。在此期间，我不断深化关于恋爱、婚姻关系的理论研究和实践探索，面向 2 万多人传授了关于培育良好亲密关系的方法。

　　基于我在美国对女性成长和亲密关系的深入研究及长期的社会观察，我比从前更加深刻地体会到了日本社会存在的性别鸿沟。虽然发达国家已经在逐步消除男女不平等，但是根据世界经济论坛（World Economic Forum，WEF）发布的 2021 年度全球性别平等指数，在 156 个国家中，日本排名120位①。从性别平等得分上看，日本在发达国家中仍然处于最低水平。

　　当离开生我养我的故乡时，我意识到日本有着光辉灿烂的传统文化，但同时也感受到了日本社会带给人的窒息感和压抑感。于是，我开始思考如何能够把自己这些年在美国生活工作的心得和收获回馈养育我的故乡。我想自己应该能作出些许小小的贡献，让生活在日本社会的女性少

① 译者注：性别平等的排名越靠后，性别歧视的情况越严重。

一些苦闷与压抑，让每一位女性都能自由畅快地做自己，以积极的姿态走向社会，实现自己的人生价值和社会价值。

越来越多的女性可以为自己的幸福而活——这是我最由衷的渴望。

在和大量女性的沟通过程中，我愈发确信对于每一位女性（妻子）来说，最重要的就是要学会自己"满足"自己，学会"爱"自己。如果你能够发自内心地审视自我，调整自己的状态并不断深入探究和领悟"爱"的真谛，那么无论是恋爱，还是面对婚姻、亲子，抑或职场中复杂的人际关系，你都可以做到游刃有余。

在我的另一本书《如何让丈夫成为人生的最强搭档》中，我也曾提到，当今社会，越来越多的男性也希望"自己的另一半能够拥有独立的自我和经营好自己人生的能力"，比起依附于男性，他们更希望双方能够保持精神世界的独立，构建双赢的伴侣关系。我们身处的这个时代正在重新定义和造就关于女性幸福的新价值观。

正如本书接下来将要展开的详细论述一样，今后是一个"个体"价值崛起的时代，是带给个体发展机遇、实现自我价值的时代。因此，我希望作为女性的你能够更加关注自己，追求真正的幸福。每个人都有属于自己的那份幸福，对幸福的定义和理解也因人而异，千差万别。幸福是多样的。

就如对待婚姻，无论你是选择不婚，还是选择结婚，都可以按照自己的心意选择自己的人生道路。无论哪种人生选择，一定都有打开幸福之门的钥匙。

无论面对什么事情，都要时常叩问本心"我真正想做的是什么"，并为实现心之所愿而付诸行动。在此过程中，我们还需要不断修正自己的人生轨道，最终找到通往幸福的必由之路。正因为如此，我们可以根据不同的人生阶段和境遇，开启多样的幸福之旅。

真正的幸福所在，往往并不是我们能做到什么，也不是我们拥有什么。只有当内心描绘的蓝图变为现实时，我们才会获得内心的富足与丰盈；只有内心体会到了富足，才能看清自己追求的幸福是什么。这种内心富足、知晓幸福真谛的人生，比华而不实、爱慕虚荣的人生会收获千百倍的幸福感。

当你能与内在深度联结，坚信自己并付诸行动，让自己随心而动，随意而行时；当你与自己的内心成为心灵伙伴时，人生就会站到你这一边。我将怀着一份美好的祝愿用心书写，希望你能"内心丰盈富足，人生步履从容"。

♡

目

录

步骤 *1*

忠于内心的选择 / 1

步骤 *4*

采取行动 / 97

步骤 5

打造自我品牌，呈现自我 / 131

步骤 1

忠于内心的选择

♡ 不必过于在意周遭的声音 ♡

据说，我们每天都面临着 1000 多个选择。有些选择是微不足道的，而有些选择却足以改变我们的人生轨迹。

面对人生的种种选择，**唯有遵从自己的内心，才能获得幸福**。倾听内心的声音，按照真实的意愿去选择让当下和未来的自己都能"幸福"的选项比什么都重要。因为这些遵从自己内心做出的一个个选择，会带你走进最渴望的未来。

由衷之言，并非"任性"

33 岁的小 T，大学毕业后在一家大型综合商社①工作，父母一向严厉，从未认同和支持过她的想法。即使小 T 和父母说："我想学习芭蕾。"得到的也是功利性的回复："学什么芭蕾，要学就学对将来有用的英语！"父母总是责怪小 T 任性不听话。小 T 的父母从未关心过她真正喜欢和感

---

① 译者注：商社是集贸易、产业、金融及信息等为一体，具备为客户提供综合服务的大型跨国公司，是日本常见的一种企业形态。

兴趣的是什么。大到高中和大学的择校、毕业后的求职，小到兴趣班的选择，均由父母一手包办，还美其名曰"都是为你好"。然而，小 T 一次次的"选择"也只是迎合了父母的期望而已。不知不觉，小 T 逐渐将自己失去人生的选择权美化成了"父母比我更了解我自己""父母是过来人，比我有经验"。

在步入 30 岁后的某一天，小 T 终于开始意识到长期以来压抑在心头的郁闷、不安与焦虑情绪。虽然不能确切地说出自己到底怎么了、为什么会这样，但是小 T 隐约感觉到一定是自己哪里出了问题。她感觉自己一直以来活得如同一具"空壳"，于是开始不断地追问自己："为什么我的人生会如此不幸？"

太过在意外界的声音，导致小 T 不但无法表达心之所想，更无力实现心之所愿。于是，不知从何时起，小 T 已经变得越发迷茫，不再与内心的自我对话，也失去了为梦想拼搏的勇气。

在外人看来，小 T 就职于大公司，有着一份体面的工作，从中也得到了很多其他人得不到的宝贵资源，但是真正的幸福却从不依赖于这些外在的事物，因为忽略自己内心真实感受的人是无法做到自我满足的。

痛苦不堪的小 T 最终选择听从自己内心深处最真实

的声音，不顾父母和周遭的强烈反对，执意开始一个人生活，放弃了那份"体面"的工作，选择创业去追寻自己真正的梦想。

曾经过于在意周遭的声音而迷失了自我的小 T，慢慢握紧了人生的方向盘，也逐渐找回了属于自己的人生节奏。现在的小 T，脸上洋溢着灿烂的笑容，她告诉我："虽然现在的自己还不够完美，生活还远没有到达理想的状态，但是当下的自己却体会到了从未拥有过的幸福。"

小 T 现在做任何选择都遵从一个准则，那就是这个选择要发自内心、能让当下和未来的自己"幸福"。眼前的小 T 内心笃定，散发着幸福的光晕。她告诉我："我今后也会继续坦诚地和内心的自我对话，不断思考如何让内心描绘的想法成为现实。"随后，小 T 又给我看了她审视自己过往时曾做的一个列表。

【曾经迷失的自我】

①不知道内心的真实想法；

②无法独自做决定；

③过于在意他人的"看法"；

④缺乏自信（自尊心水平低）；

⑤无法信任他人。

　　你是否也或多或少有过上述这些困扰呢？如果有，请通过研读本书，尝试着正视并摆脱这些萦绕心头已久的困扰吧。

　　今后的时代是每个女性都可以遵从自己的内心，忠于自我，保持精神独立，并选择让自己幸福的时代。**只有做到知行合一，才能获得内心的富足与丰盈**。当你内心富足时，周身充盈着正能量，即使人生遭遇困难出现偏航，也能够修正轨道，重新启航。

　　任何时候开始都不晚，让我们把内心所愿变成落地有声的现实吧！

♡不后悔的人生♡

在日本，表达或践行自我主张容易被视为是任性的举动。取而代之的是，作为个人教养的一环，日本社会更倾向于灌输"与他人和谐相处"的观念。

然而，人生路上面临的真正危险是"疏远自己的内心""无法活出自我"。

即便我们过着他人期待的生活，扮演着他人期待的"角色"，但这也仅仅是他人希望的，并不是自己真正追求的。即使那是你最爱的人、最重要的人所期待的活法，可能也不会带给你真正的幸福。

当然，周遭的环境并不会因你的意志而发生改变，即便如此，我也希望你不要轻言放弃。因为我自身过往的痛苦经历和身边无数咨询者的故事无一不在告诉我：如果你选择拿着不属于自己的剧本，过着不属于自己的生活，到头来只会深深地伤害自己，让自己在痛苦的深渊中越陷越深。

随波逐流，不明就里的选择，大概率会让你在随后的人生路上陷入后悔的情绪无法自拔。

例如，全然不在意自己到底想要怎样的活法，只是因为"到什么年龄该做什么事""这是父母给的建议""生育要趁早"等就匆忙结婚生子的女性。绝大多数人的婚后生活并不顺畅，"孩子虽然可爱，但是也成了阻碍我重回职场的绊脚石""丈夫对我一直很好，可我却始终对他爱不起来"，怀有这些心态的已婚女性与幸福背道而驰，很容易成为离婚高发群体。虽然她们获得了世人眼里的幸福美满，但是如果她们的内心无法接纳当下的生活，也只会困在一地鸡毛的日子里，无法收获真正的幸福。

除了婚姻选择，在职业选择时同样以"想要父母安心""因为是一份体面的工作"，抑或"大家都是这样的"为借口，被动地听从他人的安排，没有优先遵从内心想法的人，会对这份违心的工作提不起兴致，也感受不到意义。即使想要换份工作，都没有辞职的勇气——自己就像被吊起来悬在半空一般，上不去，也下不来。

如果你的婚姻或工作也存在这样令自己纠结的状况，何不从此刻开始，重新思考自己的人生呢？

静下心来和内心深处的自己对话，想清楚"我到底想过怎样的人生，到底想追求怎样的活法？"重新审视自己的人生，这对当下的你来说是无比重要的。

但是，即使你想明白了自己今后的人生该怎样度过，选择了能实现自己心之所愿的生活方式，也依旧会遭遇很多阻力，随时可能会有人临门一脚阻断你的人生进程。当然，这些阻力也有可能来自你最渴望获得理解的那个人。但是此时你要心怀感激，因为这些"阻力"帮你考验了自己的决心和信念，是极为难得的。这样一来，你会神奇地发现，那些你曾认为反对你的人转而成了成就自我的垫脚石。所以，不要在心中树"敌"，而是让所有的人都能够站到你这一边，成为自己人生前进路上的助推器，自然也就能收获成功。

人生路上的风险，从来都不是被他人反对。

人生路上真正的风险是"无法按照自己的意愿度过一生"，人生最遗憾的莫过于放弃内心期望的活法。

♡ "不思考",只随心而动 ♡

　　我们从小接受的教育就是学好书本知识,牢记知识点,一路追求的是"分数至上"和"成绩优先"。在应试教育的训练下,我们习惯了依赖"大脑"进行思考。

　　人类的大脑善于接收和处理大量的信息。长此以往,被大脑的理性思维所支配的我们,似乎沉浸于满足"外在世界",不知不觉中也遮住了内心深处的声音。

　　只有不被"外在世界"所困,**直面本心,正视自我,才能用心感受**。

　　意识到并深刻地了解到坚持自我的意义,才能活出属于自己的人生。只有当我们自由舒展地做最真实的自己时,才能收获真正的幸福。

　　在生活中,我们经常会听到"感受、心声、本质"这些抽象的表达。虽然我们的大脑能够准确把握这些表达的含义,但是当把这些抽象的概念真正应用于自身时,大多数人却不知道"该从何做起、该如何去做。"特别是让那些格外在意外界声音、总是活在他人眼中的人，做到"用自己的内心去感受"就变得难上加难。

从今天起，为了能够活出自己，收获发自内心的幸福，让我们尝试着走进自己的内心世界，开启一段认识自我本质的对话吧。

如果最近你总有无法言表的烦闷，就请试着和内心的自己进行对话（也就是进行自我训练①）吧。在本章会列出自我训练的相关事例，请务必参考。

当你在生活中体验到内心烦闷和矛盾的情绪，或者内心总是处于无序、混乱的状态时，可以循序渐进地问自己五个"为什么"，通过对这五个"为什么"的回答，能够帮助自己发掘内心深处被掩盖的真实想法。最初在回答这五个"为什么"时，也许你会觉得这些问题很生硬，一时不知该如何作答，也不知道这些问题是否真的适合自己。即使硬着头皮给出了答案，但感觉仍旧很肤浅，似乎没有触及实质和重点。但是没有关系，最初出现的这些不安和疑惑都是很正常的，不必太过在意。

---

① 译者注：约瑟夫·J.卢恰尼（Joseph J.Luciani），畅销书作家，国际知名心理咨询及治疗专家。他所著的"自我训练"畅销书《自我训练：改变焦虑和抑郁的实用规划》(*Self-Coaching: The Powerful Program to Beat Anxiety and Depression*) 提出了这一全新的、开创性的心理疗法。

五个"为什么"帮助你意识到与周遭的不和谐感、内心无序感产生的原因

①当下，你因为什么事情与周遭产生了不和谐感，或者哪些事情让你的内心产生了混乱与不安呢？你认为产生这些情绪和感受的原因是什么？

例如，在亲密关系中，感觉和对方的关系越来越冷淡，这样继续下去让我产生了和对方的疏离感。因为最近两个人互动的机会少了很多，根本就见不了几面。

②为什么和对方的互动变少，无法见面会让你不安与焦虑呢？

例如，因为这样越来越疏远的情感关系，让我们无法了解彼此，也就无法深入这段亲密关系，所以我感受到了不安。

③为什么无法深入这段亲密关系会让你感到不安呢？

例如，因为长此以往，我不知道我们是否还能结婚。

④为什么无法结婚会让你感到不安呢？

例如，因为我不想在一段没有结果的关系上浪费时间，如果我不能和他结婚，我就得马上去寻找其他的选择。

⑤为什么你一定想要结婚呢？

例如，因为我总是对未来充满了迷茫和不安（来自收入、工作、育儿、他人的看法等方面的影响）。

只要不断地重复进行，平日里坚持训练，由一个个不同的问题所引发的思考也会慢慢发生质的变化。不知不觉中，你给出的答案会越来越有深度，也能慢慢触达自己的内心，在了解自己的真实想法后，就会慢慢理解和接纳自己的情绪。

第五个"为什么"回答完毕后，你需要重新确认自己是否在不经意间被自我认知束缚住了内心。出乎意料的是，往往大多数人都活在自我认知的牢笼里。

比如上例中，表面上看起来是女孩因为男朋友的言行而感到烦恼，产生了一种"既然自己所有的不安和焦虑都来源于对方，那么只要对方做出改变，一切就会好起来"的错觉。因此在亲密关系中，总是有人试图去改变对方，也有人通过选择结束一段关系重新开启另一段亲密关系来解决问题。但是无论哪种方式都难以建立和维持良好的亲密关系，因为能够解决亲密关系中所面临的各种难题的人，只能是自己，他人很难起到作用。上述例子中的女孩就是寄希望于男朋友，希望他来消除自己对"未来的不安"。

让自己敞开心扉，表达由衷之言的提问清单

那么，追随内心，你的由衷之言到底是什么呢？

在此，我将试着继续抛出涉及更深层次的几个问题。

问 假如你不担心自己的收入和工作，也不在意外界的看法，所有的一切都可以自我满足，也能体会莫大的幸福。那么，这样的你：

- 是否依然喜欢他？是否依然爱他？
- 是否依然渴望着和他步入婚姻的殿堂？
- 对你来说，婚姻意味着什么？

当你假定自己的内心足够富足，并在回答上述问题后，你就会感知到自己内心深处的真实想法。如果没有内在的自我缺失，也不需要向外寻求"安全感"，还能保证有充分的自我满足感时，你依旧深爱着他，依旧期待着和他组建家庭，那么你对他的爱才是真爱。

上述思维方式不仅限于恋爱，也适用于职场和人际关系、经济关系相关的所有场景。有时根据不同场景，我们可以转换视角，例如，

- 令你内心雀跃的是什么事情？
- 做什么事情会让自己精力充沛，情绪高涨？
- 什么事情，让你感到由衷的高兴？

　　通过回答上述这些问题，你也可以找到自己真正"中意"和"擅长"的东西。当你不会因为经济压力而感到不安，也不会在意外界的看法，彻底把自己从这些外在世界的困扰中解脱出来时，如果内心依旧能够欢呼雀跃，那么这份热情才是货真价实的。

　　不断地和自我进行深度对话，就能够浮现出清晰的自我。

让新的你覆盖旧的你

一旦你开始烦恼，这些烦恼就如病毒一样会不断滋生，让你陷入一个无限烦恼的死循环中。"明明是自己的事情却不知如何是好""现在的自己陷入了进退维谷的境地"，听着咨询者们的这些烦恼，我的最大感受就是大家一直都"活在自己过往的影子里"。

"因为前任劈腿了，所以不能轻易地相信男人""因为自己干什么事从来都没有恒心和毅力，所以即使现在想做副业，也觉得自己坚持不下去，对自己完全没有信心"，等等。

一旦过往曾遭遇过挫折、品尝过失败或尴尬的滋味，就容易让人产生事事不如人、件件不如意这种悲观消极的心态。如果你现在还沉浸在这种情绪当中，我希望你能够客观地审视"当下"。

重新客观地审视当下的自己和生活，让新的你覆盖过去那个旧的自己。

我不善言辞，果真如此吗

当护士的小 E 曾经一度苦恼于自己的"笨嘴拙舌"。仔细听她讲述一番后，我发现小 E 的这份苦恼来自小学的一段经历。当时还在上小学的小 E 被同年级的男孩子嘲讽了一句，"你说的什么呀？我完全听不懂。"从听到这句话的那一刻起，小 E 就把自己描绘成了一个不善言辞的人。

就因为同班男生一句无心的话，也仅仅只是因为这一句话，小 E 的内心受到了极大的创伤。这句随口而出的话竟然深刻地影响了小 E 往后的人生，也许小男孩已经彻底忘了当时说的话，但是小 E 却对此始终难以释怀。

我试着问小 E："现在，作为护士，在工作中与人交流，你感觉怎么样呢？"小 E 说："我很喜欢和患者聊天，也很享受护士这份工作。"现在的小 E 似乎已经从那段阴影中走了出来，完全看不出来对交流有什么烦恼。

当发生了造成心理创伤的事件时，由于体会到了负面情绪的重大冲击，一句无心的话，抑或内心崩溃的瞬间都会被长久地留存下来。但是历经数十年的岁月洗礼，在不断尝试用各种办法克服心理阴影的努力下，实际上大多数人的心理创伤终究会被治愈。虽然没有达到百分之百满意的心理状态和人生状态，但是我们一定是在不断成长的。不被过往的自己和那些回忆所绑架，专注于当下正在成长的自己，在头脑中用"全新的自己"覆盖"旧的自己"，这一点非常重要。

于是，我让小 E 认真思考了以下 3 个问题：

- 如果说任何经历都有意义，那么在小学经历的这件事对你来说有着怎样的意义呢？
- 如果这段经历可以让你有所成长，你觉得自己学到了什么呢？
- 为了克服这一创伤，并让其成为自己前行的动力，你曾做过怎样的努力呢？

小 E 泪眼婆娑地和我说道："毫无疑问，这段创伤经历让我深刻地体会到了心灵受到伤害时的痛苦，而且为了有条理地、清晰地向他人传达自己的想法，我在语言表达和沟通技巧上下了不少工夫。正因为希望能够有更多的机会锻炼自己的表达能力，我才选择了需要和人打交道的护士作为自己的职业。如果没有那段经历，就不会有现在的我。"

看着泛着泪光的小 E，我不禁感慨，她为了从那段心理创伤中走出来究竟付出了多少努力啊。小 E 最终能化痛苦为力量，我真心为她感到高兴。

于是我又问道："小 E，你觉得那时的自己和现在的自己，是完全一样的吗？"

小 E 满脸洋溢着微笑，告诉我说："当然是完全不同的。现在的我，喜欢与人交谈，也擅长沟通！"看来现在的小 E 终于可以客观地看待自己，也改变了对自己的刻板印象。

如果你也曾和小 E 一样经历过类似的心理创伤，希望你能参考小 E 疗愈创伤的步骤，一步一步地尝试重新塑造新的自己。

♡ 不念过往 ♡

　　我自己也是如此，如果仅仅只是把过去的痛苦经历封印在内心，也就不会达到现在的人生状态。因为如果你把过往的痛苦经历仅仅当作"人生的负遗产"，那么只会让自己的眼界变得越来越狭隘，认知越来越扭曲，很容易失去感受能力。

　　我不断思考"现在需要的是什么，今后又该如何做，才能让所有的经历都能成为自己成长的动力？"我也在不断追问自己，何处才是自己的立身之所。

　　一路走来，我不断挑战自己，虽然也经历了无数次失败，但是对我来说，所有的这些成功与失败，都是最宝贵的经验。换句话说，生命中的这些成与败都是成就自我的必经之路。人生没有无用的经历，一切都是对人生的馈赠。

　　不知从何时起，我终于意识到，**只要你下定决心"让自己幸福"，无论哪条路，都会是通往幸福的罗马大道。**

　　这些通往幸福的道路，也只因选择而异。也许你正奔

　　跑在一条能让自己快速成长的全新赛道上，也许你正走在一条经由无数磨砺而更加出彩的道路上，无论哪一条路，都是走向未来的必由之路。在你真正领悟的那一刻，过去的所有经历就像一个个生命力旺盛的细胞，跳动在自己的身体里。不念过往，因为它正在全力塑造着未来的自己。

　　全力以赴活在当下的每一个瞬间，不去纠结过去，就能迎接未来的自己。当你真的走向未来的时候，也就没有必要回首过往，寻找"过往的缺失"了。

　　不念过往，拒绝逃避，不再拖延，直面当下，解决问题。这样的人生姿态无比重要。

无须迫切回应他人的期待

回归自我，关注自我，就是不被周遭的声音扰乱内心的秩序。注重内在世界，是生命本然的状态，就让它成为我们人生的选择标准吧。

要做到拥有自我，最不可缺少的就是倾听自己的心声。但是从小到大，我们都活在一个被社会圈定好的框架中，活在他人的期待中，总是优先满足别人的需求。这使我们变得越来越迷茫，不知道自己是谁，更不知道自己喜欢和在意的是什么。

例如，对于孩子来说，他们的根本诉求，就是获得父母无条件的、百分百的爱。于是，孩子们总会通过父母对自己灿烂的笑容与和颜悦色的态度，来确定父母是真正爱自己的。因此，为了能让父母开心、安心，孩子们会自然而然地按照父母的期待行事。

"因为想得到妈妈的爱，所以即使自己不喜欢弹钢琴，也会努力弹下去""为了得到父亲的认可，必须考出优异的成绩。"这些孩子们把自己真实的想法搁置一边，一味地在为完成父母的期待而努力。可以说，孩子们会揣摩父母的心理和预想父母的评价，并基于这种预想的评价行事。

这样的孩子成年以后，会格外地在意周遭的评价，很好面子，把小时候对父母抱有的"渴望被爱"欲求转移到现在的丈夫和孩子身上，并努力满足他们的要求，扮演好妻子和母亲的角色。即使想做回真正的自己，也会在无意识中受到来自父母和丈夫无时无刻的影响，于是她们变得不知道自己想要成为什么样的人、喜欢的是什么、想要做什么。在一片迷茫和彷徨中，感受到的只是说不清道不明的情绪，"莫名总觉得烦闷与焦虑"。

结果就是在不知不觉中内心积攒了大量不满，变得焦虑不安，极容易感情用事。

但是如果你能做到以自己为中心，不在意外界看法，回归自我，无论他人如何评价自己，都能为实现内心渴望而果断行动，并积极正向思考，"确实他说得也有道理，但是和我的想法多少有些出入，该怎样表述才能让双方都能理解和接纳，最终达成自己的心愿呢？"她们总是以坚定的态度和灵活柔软的方式做出最适合自己的选择。即使当时囫囵吞枣地相信了别人说的话，之后也能迅速地调整过来，及时回归自我，"不对，不对，我其实是这样认为的"。

无论是你的父母、丈夫，还是身边的人，他们给予你的建议只是也只能是基于他们自身的经历和秉持的个人价值标准。无论是父母和孩子，还是妻子和丈夫，我们每个人都是不同的个体。以什么为基准去选择，完全取决于自己。

亲子关系也是如此，很多父母在面对孩子尝试有挑战性的事情时，虽说也会为孩子的成长感到欣喜，但他们总是担忧多于欣喜，害怕"孩子有个三长两短"。父母都很宠爱自己的孩子，怕孩子受伤，也怕孩子吃苦受累。正因为父母自身就追求安全、安心和舒适的生活，所以很多时候，他们会反对孩子去尝试新鲜事物，习惯给孩子泼冷水——"你啊，趁早别干了"，打消孩子的积极性。

因此，在面临选择时，以自我的感受和想法为中心就变得极为重要。可以让你关注自我，拥有自我的一个最简便的方法就是扪心自问："我到底想做什么，这真的是我一直以来梦寐以求的事情吗，我真的会为此而身心跃动吗？"当你真正意识到自己的心之所向，并身体力行付诸行动时，感受到的是激越昂扬的情绪状态，整个人都会变得神采奕奕。

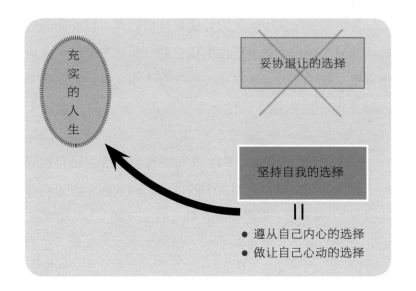

充实的人生

妥协退让的选择

坚持自我的选择

＝

● 遵从自己内心的选择
● 做让自己心动的选择

　　不知为何，内心充满了期待与渴望，身心愉悦轻松，做事也得心应手，一路进展顺遂。这种从心底感受到的就是"身心的跃动"。

　　不断倾听内心的声音，在坚持自我和听取他人建议之间找到一个平衡，兼收并蓄，博采众长，让自己的内心愈发强大，把自己慢慢塑造成温柔且坚定的人。

　　我一直认为，不妥协、不退让，只选择让自己身心跃动的选项，才能拥有富足丰盈的人生。情有独钟的选择，是坚持自我的选择，也是让人心动的选择。除此之外，别无其他。那么，请你一定要尝试下面介绍的方法，帮助自己回归自我，主掌自我。

在按照以下方法进行实践的同时，也请你试着重新回顾和审视自己的过往。为了活出属于自己的精彩，让生命得到充分的绽放，请你尝试叩问内心，"如何让过往引领自己走向未来？""今后要挑战什么，又该如何挑战？"

在重新认识和评价自身优势的同时，唤醒内心深处的渴望，"想要实现人生的大转向，做自己想成为的人，活出自己想要的人生"，并把这样的渴望确立为自己的人生目标。

在我看来，"活出自我"就是让自己过"无怨无悔的人生"。现在的我也同样下定决心选择了让自己不后悔的人生之路，一直遵从着内心，做着自己的选择。因此，即使人生在此画上句号，我也不会后悔。唯一让我感到遗憾的，就是无法再见证孩子们的成长瞬间。

回归自我，主掌自我的方法和步骤

【无法突破，人生停滞不前的时候】

未能如愿以偿的事情是什么？

为什么这件事没有按照预想实现呢？

1. 是怎样的想法让你离梦想和目标越来越远？

2. 有没有导致事情无法取得突破、产生停滞的模式？

如果这个梦想可以实现，那么要改变什么，以及如何做出改变才能够让人生"踩下油门"，一路向前；而不是"踩下刹车"，停滞不前？

如果在走向自己渴望的未来之路上将面临人生的坎坷和困难，你认为那些坎坷和困难会是什么？

设想3年后的自己已经跨越了一切艰难险阻，实现了自己的梦想，过上了渴望的人生。那么，未来的你是如何抵达这个梦想彼岸的？试着和过去的自己说明在这期间你会经历的那些过程吧。

【一帆风顺，人生大步向前的时候】

迄今为止，自己过着怎样的生活，是如何一路走过来的？

迄今为止，本着"不妥协、不放弃"的精神，让自己坚持到底、无比珍视的事情是什么？

你有热爱过的事情吗，或者有一直以来就喜欢的事情吗？有的话，请你写下那些让你心潮涌动、干劲十足的事情吧。

【共同的步骤】

通过以上这些训练步骤，回首过往，你觉得自己曾是怎样的人？

假如明天就走到了人生的终点，你会为什么事情感到后悔？

为了不留遗憾地度过一生，你认为从现在开始可以做些什么？

♡ 追随内心，事事顺心 ♡

　　20 多年来，我都一直围绕着夫妻和情侣间的亲密关系，开展了一系列的咨询活动、研讨会和讲座。通过和来访者的深入交谈，我加深了对亲密关系的理解，也深刻认识到来访者在亲密关系中所面临的各种烦恼和问题其实是很难彻底解决的。但与此同时，我也感受到了心理咨询这份工作的乐趣，被情感心理的深邃和人性的复杂所深深吸引，为自己遇到了一份"天职"而深感幸运和欣喜。

　　这些来访者也通过不断学习亲密关系的相关知识，理解了自身的境遇，剖析了自身存在的问题，在解决眼前一个个难题的同时也加深了对爱的理解和认知。幸运的是，这些来访者现在都已经构建了属于自己的精神世界，重拾了内心的快乐与平和。她们知道自己想要怎样的人生，学会了遵从内心的渴望。有的女性开始挑战副业，开辟了新的事业蓝图；有的女性则加入创业的"洪流"，追求自我价值和社会价值；还有的开始积极考证，学习新的技能，不断用知识充实自己，勇敢逐梦。

"活出自我的人生，真的很美好"，听着来访者重获新生的感慨，再看着她们脸上绽放的笑容，我感受到了她们周身散发着的迷人魅力。我想，对于她们来说，面向自己期待的未来，不断提升自我的这段时光，应该是无比幸福和快乐的吧。

我的决断

说说我的故事吧，这个故事可能有点儿长。

前年，正在留学的女儿开启了高三生活，在考虑到底该上哪所大学时，面对众多的选项，女儿一时没了主意。但是她及时梳理了思路，明确了自己的想法后，从海量的留学信息中进行筛选，不断缩小留学国家的选择范围，最终按照自己的心意决定了申请院校。一路陪伴着女儿走过留学申请季的我，也不禁回忆起自己过往的人生历程。

在迄今为止短暂的人生中，我也曾经历了多次痛苦的挣扎，也曾一度无法接纳和认可自己的人生。但是回忆往昔岁月，我发现无论截取自己过往经历当中的哪个片段，那些点滴往事都教给了我漫漫人生路上最重要的道理，是让我迈向幸福未来的珍贵礼物。曾经的我觉得自己的人生已经没有任何遗憾，每天过得非常充实。我单纯地认为，就这样认真地生活下去，在东京做好"亲密关系经营咨询"的这份事业，就是通往未来的幸福之路。

　　然而，岁月不饶人，人到中年，越来越多地听到身边同龄人离世的消息，这让我开始意识到了自己的人生也在悄悄地走向终点。"什么时候我就不能动弹了呢？""什么时候我的人生就走到尽头了呢？"每当我在思考这些谁也不会告诉我答案的终极人生问题时，我发现即便自己拥有当下，身处幸福之中，心里的某处仍旧有不可名状的烦闷。

　　回首自己过往的人生，我一直觉得"自己的人生没有遗憾，算得上是幸福的人生"，但当我扪心自问："在人生的下半场，我是否有如果现在不做将来多半会后悔的事情呢？"我想了想，给出了肯定的答案。

　　其实，有一件事一直藏于我的内心深处，是我深深的挂念。迄今为止，我常和自己对话，一直在寻找实现的机会，不断地问自己"当下，对我来说什么事情是最重要的？"

　　对我来说，下半生最重要的、不想留下遗憾的事情，就是"和家人一起过着美满温馨的幸福生活"。但是要做出"和家人一起幸福生活"的选择，我就不得不"舍弃"自己想做的事业，只能将其暂且搁置一边。虽说如此，但是我一直觉得不知道在人生的哪个路口，也许就有重拾梦想的机会。虽然这种机会可能寥寥无几，但是我依旧选择将这小小的期待埋入心底，憧憬和静候这一天的到来。

　　看着女儿描绘着充满无限可能的未来，与我开心交谈的样子，我也意识到了"孩子们即将离家'单飞'了。一直以来，我最珍视的一家团圆和睦的家庭模样，也将在不久的未来迎来变化"。

现在，那些被搁置的梦想还有机会重新拾起。年龄、体力、精力似乎还允许我再去挑战梦想。但是另一方面，这也意味着当下也是我实现梦想的最后时机了。

14 年前，我突然决定和家人一起从美国暂时回到日本生活 3 年。但随之而来的是，我遭遇了人生中最大的一次危机，导致我不得不放弃回到美国的想法。现在想来，那时突然决定回日本生活，和之后遭遇危机不得不放弃返回美国，都是我生命中的必然。

2021 年，我又试着和自己进行了一次深入坦诚的对话。我问自己："如果决定再回美国创业和生活，那么接下来你该怎么做呢？"想那些做不到的借口和理由是没有任何意义的，我只是绞尽脑汁地思考着"到底怎样才能办得到"。

虽然签证的办理是最难的，但是经过了一番认真思考，我还是想到了 3 个可能获取签证的办法。在解决了签证问题后，我又问自己："那工作呢，工作怎么办？"其实，当我问出这样的问题时，自己跃动的内心早就暗暗地告诉了我答案："想要尝试和迎接新的挑战！"

与此同时，在这个过程中，有很多女性向我提出了她们的诉求，"我想提升审美能力和品位""希望你能教我女性魅力法则和如何进行个人品牌推广"。

现在回想起来，在美国创业之初，推广营销的主流方式还是花高价在杂志上刊登广告，广告刊登费用多则高达每月 2000 万日元（约 92.08 万人民币）。那时的我还没有多少经济实力，只能不断试错，尝试了各种省钱的途径和方法。虽然现在我已经通过运营 SNS^①开展自己的业务，但是最多的、持续不断的深入研究依旧是品牌推广和市场营销。于是，我又开始思考，结合自己之前在美国创业积累的相关商务经验，"试着开设打造自我品牌的讲座会如何呢？"在和最值得信赖的伙伴沟通后，我立马找到了一位得力的助手。

言出必行，很快我们就开设了"打造自我品牌"的讲座，而且这个讲座一眨眼的工夫就成了当时最有人气的讲座。虽然那只是一个没有进行过任何额外的宣传、甚至连正式的官方网站都没有的小讲座，但是常常座无虚席，参加讲座的学生都是各行各业的女中翘楚，远超我们的预想。

另外，因为不知道该如何起步，一直也没有进展的室

---

① 译者注：社交网络服务（Social Networking Service，SNS），专指帮助人们建立社会性网络的互联网应用服务，也指社会现有已成熟普及的信息载体，如电子邮件和即时消息服务等。

内装修设计事业也有了新动向。其实，我从小学开始就非常喜欢跟房屋设计有关的一切事物，所以比起漫画，我更喜欢那些钢筋水泥的大物件，总是缠着父母让他们给我买住宅建筑、设计规划类的杂志。

随着年龄的增长，我越发喜欢室内装饰。20多岁，还在纽约居住的我就把购入的投资性房产进行了一番自己动手做（do it yourself，DIY）式的装修，自己动手设计和施工，在门上贴上胶合板，在墙面上打造出凹凸效果。虽然劳动强度不小，但是因为我设计和装修的房子受到了大家的一致好评，竟然也收到了8份购房意向，能这么快就卖出去，实在让我喜出望外。

从这些点滴的经验开始，我心中就埋下了"将室内装修设计也作为自己的事业发展起来"的小小期许。因为一直觉得室内装修设计和我至今在做的亲密关系咨询实在是相去甚远，所以这个小小的期许就一直被长久地封印在内心深处，未曾敢触碰过它。

但是后来有一天，一位经常让我帮她选购海外服装，找我做个人形象设计的贵宾（very important person，VIP）顾客和我说："希望弘子老师能帮我考虑下我家新房子的室内设计。"我的新事业也就这样起步了。我发现自己很享受巧妙构思、细腻设计、为顾客提供装修方案的这个过程，也无比热爱室内装修设计这份事业。因此，我从各处源源不断地收到了不少新的室内装修设计的邀请，也算终于实现了自己深埋心底的梦想。

　　当你决定"要把深埋内心的渴望变成现实"并付诸行动时，这个世界是真的会为你让路，事情的进展也会一日千里，超乎你的想象，仿佛冥冥之中有一种无形的力量推动着你不断前进。

步骤 2

卸掉多余的枷锁，
人生不该设限

无意识中落入的陷阱

　　我们每个人都是经过最初和母亲"共生"的阶段，以一张白纸的状态来到这个世界的。作为婴儿的我们就如海绵汲水一般，从周围环境中吸收所有的信息。

　　然而，就是在这个阶段却已经潜伏着一个巨大的陷阱，可以说你一生"烦恼的鼻祖"正藏于此陷阱中。

　　例如，"不要挑三拣四，不要耍性子不讲理""和大家要好好相处，多交朋友"，你是否在童年时期也被父母和老师这样提醒过无数次？在我们还处于吸收性心智阶段的童年时期，家庭、学校和社会不断给我们灌输"男主外，女主内""尊重兄长，长兄如父""有主见、有想法的女人没有异性缘"等传统道德教化的过时理念。

　　而且由于这些信息已经深入人心，并且融入了生活，我们自然也没有任何怀疑和辨别的能力，认为"这一切都是理所当然的"，所以也就全盘接受了从童年时期起就被持续灌输的陈旧观念。

　　但是当你遵从自己内心去生活后，就会产生下面的这些想法："母亲说女孩子长大就是要结婚的，就应该当家庭主妇，可是我可能并不想结婚""虽然都说应该去大公司，福利好、工资高、还体面，可是我觉得自己创业似乎更有奔头，人生也更有趣。"你会感知到自己的内心世界和外在世界的巨大差距。

　　这个时候，面对外在世界的固有观念，我们要勇于说"不！"追随全新的自己，遵从自己的内心，但是很多人认为，"可能到底还是我错了。因为我妈是这样说的……"最终选择了不与社会固有观念相违的老路。

　　如上所述，价值观就通过父母、老师、朋友，还有媒体等的不断灌输而产生。因为我们本来就没有意识到这种社会固有观念的灌输无处不在，所以就在当下，就在此刻，对我们来说至关重要的是要意识到自己到底抱有怎样的固有观念和价值观，然后鼓足勇气，毅然决然地把那些和自我冲突的观念枷锁抛掉。

　　为此，首先我们要看看那些**童年时期，在无意识中你"继承了多少父母灌输的价值观"**吧。

　　虽然有些读者可能认为"我从小到大和父母相处得都很融洽""父母从未给我带来过什么不好的影响，我应该没事儿"，但是我依旧希望你也能一起审视回顾一下。这种审视不带有任何是非的价值判断，应该能成为一次很好的契机，帮助你看清自己到底拥有怎样的价值观，然后去探究这些根深蒂固的价值观又是如何形成的。

摆脱父母强加给自己的价值观

孩子会以从父母那里"继承"来的价值观为基础，走进学校，然后步入社会。

例如，热爱音乐的父母会让自己的孩子学习钢琴，孩子从一开始学习弹琴技巧，到后来坐在钢琴椅上日复一日地练琴。这些苦练琴技的时光逐渐内化成自我实现的途径和人生价值的载体。孩子基于父母给自己塑造的人生价值观，走上了钢琴人生，以自己的方式不断挑战自我，在一次次跌倒中执着向前。

但毋庸置疑的是，父母与孩子永远属于不同的个体，生活的时代也不同，感兴趣的事物和喜欢的事情也不一样。如果孩子把父母的价值观作为自己的人生追求和自我价值，那么在孩子内心深处就会产生"自己真正想要的"和"父母期待的"偏差。

还比如，有的父母一直劝说孩子"一定要参加体育运动"，孩子遵从了父母的建议加入各类体育社团，一直坚持运动。但是当他成年后，可能会意识到其实自己并不喜欢体育。可是，对于从小就在"运动是日常生活的必修课"这一认知下成长起来的孩子来说，就算自己并不真心热爱，也会在无意识中依旧按部就班地去健身房。如果哪天不去，心中就会莫名地涌现罪恶感。面对内心世界的失衡，在不知不觉中，我们感受到的压力也越来越大，这种压力甚至演变为危害身心健康的慢性压力。

我们与父母的价值观偏差就是这样产生的。但即便如此，因为孩子一直深信"运动是理所当然的事情"，所以也根本无法意识到"其实自己很讨厌运动"的内心世界与父母强加的价值观之间存在的巨大偏差。这种偏差让你"总觉得哪里不对""一点儿都没干劲"，对现实生活感到很茫然，对未来抱有极大的不安。而殊不知，这所有令人沮丧的情绪都来源于**没有听从自己的内心选择，而是无意识中屈从了父母的价值观**。这种状态总是让人感觉压抑到窒息。

要想摆脱这种不和谐感、走出迷茫，身心舒展地生活，就有必要从父母价值观所编织的牢笼里走出来，乘时代之风，重新书写当下坚持自我的新观念。进一步在此基础上塑造"属于自己的价值观"，是不可或缺的。这样才能用最适合自己的价值观，活出自己的精彩，在属于自己的人生舞台上绽放自己。

我把这个过程叫作"**卸掉人生多余的枷锁**"。枷锁就是自己所抱有的价值观，这里指的是被从小灌输的、从父母继承过来的价值观。

如果你的内心充溢着不和谐感，对生活充满了迷茫，有可能你已经背负了来自父母价值观的沉重枷锁，从父母那里继承过来的价值观让你的内心戴着镣铐，无法舒展地释放自我。

说到这里，让我们来看一个"自己的价值观"和"父母的价值观"之间产生巨大偏差的真实案例吧。

强制重启人生之前

从小到大，小 I 的父亲对小 I 的管教格外严厉，总是要求小 I 做到"说到 1 就得想到 10"。例如，父亲说"我的烟"，小 I 就必须把"香烟＋打火机＋烟灰缸"全套抽烟物品送过去；如果父亲说"遥控器"，小 I 就必须把"电视机的遥控器＋报纸＋眼镜"都一并拿给父亲。

父亲对小 I 的在校表现同样也是高要求、严标准。小 I 为了得到父亲的认可，不仅在学习成绩上，而且在社团活动等各个方面都得事事争第一。父亲是个很古板的人，一直抱有典型的昭和时代价值观[①]，认为"工作的话，一定要

---

① 译者注：日本的昭和时代，是指日本天皇裕仁在位期间使用的年号，时间为 1926 年 12 月 25 日—1989 年 1 月 7 日。特别是在昭和中期，社会普遍的观念是，家庭中家长具有绝对权威，孩子必须无条件服从家长的命令。国民推崇群体主义，否定个人的价值，拥有等级秩序的道德观。

去大企业，要有铁饭碗""女孩子的出路就是早点结婚生子"。小 I 固守着这些陈旧观念，被那些古板老套的价值观裹挟着一路成长。

时光飞逝，转眼已经年近 35 岁，小 I 总觉得哪里不对，开始对过往的人生产生疑惑。小 I 一直沿着父亲给她设计的人生轨道，考上了重点大学、进入了大企业、结婚育儿、重返职场，作为一名女性，一路披荆斩棘。而现实是，每个早上她感受到的都是身心疲惫。由于丈夫平时在育儿上的缺席，夫妻关系似乎也走到了尽头。"我为这个家的幸福付出了所有，可是为什么……"小 I 对未来的生活只剩下了绝望，这之后她就病倒了，职业生涯也就此中断。

就如小 I 一样，无法遵从自己的内心，一味地在父母价值观的裹挟下生活，内在世界和外在世界就此割裂，得过且过，对自己内心的挣扎视而不见，最终只会在情绪积压到极限时，以强制重启人生的形式大暴发。

强制重启人生，其实是你的潜意识接收到了内心失衡的信号，帮你按下了当前生活的"暂停键"，从而去追逐内心真正的渴求，调整自己的过程。强制重启人生有很多种形式。比如，有人和小 I 一样失去健康、身体垮掉，也有人是遇到了事故，还有人是丈夫出轨或者婚姻关系破裂。

正因为现在的我们已经是成年人了，就更应该有意识地明确自己从原生家庭到底"继承"了怎样的价值观和思维方式，并在此基础上，结合时代观、周遭环境、个人兴趣和志向等的变化去仔细甄别以下两项，将已不再适合自己的部分进行更换，完成个人升级。

- 今后依旧会持续珍重的东西。
- 已经不合时宜的东西。

这是一个重要的步骤，可以帮助我们调整内在心灵与外界的微妙偏差，让自己的心灵再次充盈，实现回归自我。只有摒弃他人强加给自己的价值观，卸掉人生路上背负的多余枷锁，才能轻装上阵，真正做到拥有独立的自我，在人生路上找寻到幸福的踪影。

接下来的几个提问可以帮助你认识和厘清自己究竟受到了原生家庭哪些价值观和思维方式的影响，也会让你意识到哪些方面需要重新审视。（以小 I 为例）

【觉察到从原生家庭继承的价值观】

问 你的行动准则是什么？（如追求安稳、低调、不露锋芒）

问 你怎样定义成功，成功的标准是什么？（如头衔、

社会地位）

【领悟到重要的人生道理】

问：是什么使你克服了亲子关系中的冲突，并受用至今？

（例）

①放弃得过且过的人生，能够相信自己，不断进步。

②无论什么事情都能靠自我意志力和自我持续力来实现。

③得益于父亲"从1就得想得到10"的教育方式，训练了自己的洞察力，拥有了敏锐的直觉，心思细腻，能够比他人更能读懂对方的所思所想。

【意识到重新审视的必要性】

问：明明有抵触情绪，但最终还是做了的事情是什么？是否有"放弃坚持自我"的思维习惯？

（例）总是拼尽全力，活成他人所期待的样子。

将上述答案再进一步分解为以下3个深层次的原因。

①正因为我能体会到他人对我的殷切期望，所以我无法辜负这份期待，总是优先满足他人的期待。

②我不擅长向他人示弱，凡事都想靠自己，不喜欢依赖

他人。

③在意大家对我的评价和看法。

就像上述示例一样，将原生家庭强加于你的那些思维定式和价值观念都进行一番复盘，也就看清了自己一直以来的行为倾向。当你能认识到自己潜意识支配下的思维方式和行动模式时，就可以有意识地构筑属于自己的价值体系，活出自我。

不再依赖父母，
父母也能享受自己的人生

　　看着来来往往的这些咨询者，我深刻地感悟到，只有把强加在自己身上的认知枷锁卸掉，重新建立属于自己的价值体系，才是真正意义上的实现了自我独立。

　　孩子只有离开父母，自立于世，才能真正开启自己的人生之路。**孩子独立之时，也是父母从"家长"的角色转换成"个体"的角色，为自己而活的时刻**。回归自己，并不是过往生活的延续，而是意味着可以开启新的挑战。一切都是全新的体验和学习，也会给父母的人生带来新的成长。

　　当今社会，只有跨入知命之年或花甲之年，才能够真正地闲下来。但五六十岁并不算老！即使迈入古稀之年，只要身心健康，依然能够发光发热，既可以重返职场，也可以专注于自己的兴趣爱好，无论什么都能挑战。对于父母来说，如果孩子能够独立自主、自力更生，过好自己的生活，他们就有了更多时间、精力和经济上的余力去挑战新的生活。

这么看来，孩子如果始终无法实现独立，其实就是变相地剥夺父母重新成长的机会。

但是这里说的独立，绝不是指跟父母断绝互助关系。子女与父母分开，走向独立的同时，也要互相支持，成为彼此的避风港（是温柔的守护者，是不备之时的后盾），为彼此提供安心迎接挑战的环境。这才是作为独立个体的父母和子女之间的真爱。

只有实现精神和心灵上的独立，互相给予对方成长的机会，父母与子女才能活出各自精彩的人生。

过度依赖父母是危险的

因此，从另一个角度而言，过度依赖父母其实是很危险的。如果父母总是溺爱孩子，对孩子的生活横加干涉，其结果就是孩子也会产生依赖心理，成为长不大的巨婴，双方都陷入相互依赖的死循环。如果父母想要过好自己的人生，不断挑战，通过自己的力量获得幸福，很重要的一点就是父母要从孩子的人生中"退场"，让孩子学会从家庭的庇护中独立。

当然，对于很多父母来说，看着孩子独立也会倍感寂寞和失落。但是这属于父母自身的人生课题，需要由他们自己解决。正因为如此，我希望每一个孩子都能从父母的人生中退出，给父母一次作为"独立个体"的机会和活出自我的人生机遇。

　　我身边有一位咨询者名叫小 F，从工作后就开始独自生活，已有 3 年之久。小 F 的母亲时常操心女儿的生活起居，看到觉得适合女儿的衣服就会时不时地买给女儿，想着女儿工作繁忙，就时常到女儿住处帮她打扫屋子，做做饭。一开始，作为社会新人，初入职场的小 F 对于工作还不那么得心应手，而且又刚一个人生活，觉得无依无靠的小 F 很感激母亲对自己无微不至的照顾，但是对于母亲过度干预自己的生活也隐隐觉得有些不自在，总觉得自己没有自由和隐私。

　　于是某一天，小 F 终于下定决心和母亲说："妈妈，谢谢你一直以来为我付出的一切，照顾我、关心我，我很感激，也很感动。但是我现在已经是大人了，也到了给自己买适合的衣服、自己决定事情的时候了。所以，妈妈你放心，我可以照顾好自己的。妈妈能过好自己的生活，去做自己想做的事，我也会为你感到高兴的。"

　　小 F 的母亲听到这番话，最初内心很受打击，闷闷不乐，总是频繁地给女儿打电话。但后来，小 F 的母亲开始一点点回归自己的生活，专注自我，不断充实自己。听说她现在已经找到了新的爱好，正全情投入园艺，还交到了不少志同道合的朋友，常常一起出去旅游。现在，小 F 的母亲有空了会和女儿通个电话，聊聊天，讲讲自己最近的开心事。

顺便说一下我家的情况，我的孩子们经济上都比较宽裕，精神上也比较独立自主，所以我在尽职尽责做好母亲这个角色的同时，也把大部分时间和精力都花在了自己的生活上，现在正不断地挑战各种新鲜事物。

没有按照父母的意愿生活，无须自卑，不必介意。相反，要认识到因为孩子的独立，父母可以开启新的人生，这是孩子对父母"爱的报答"，希望你也可以找寻到适合自己的生活方式，构建属于你们的和谐亲子关系。

♡ 来吧，是时候构建 自己的价值观了 ♡

　　我们无须按照父母的期待和意愿去生活。因为过往的人生，我们已经努力了很久，付出了太多。

　　这些过往的回忆是人生的堆肥。在这一节，我们将一起明晰过往的一切经历到底成了人生成长路上怎样的肥料。从父母那里"继承"的观念和思维方式未必都是负面消极的。正是因为我们从父母身上学到了宝贵的经验，才造就了当下的自己。正因为经历过，我们才能构建自己的价值观、活好人生的下半场。最重要的是，要知道无论何时我们都可以把过往的经验化作养料，去孕育新的未来。

　　正如本书第 40 页讲到的小 I，她通过直面自我、和内心对话，终于意识到了"一直以来，自己都没有正视过自己的人生，都是在为父亲而活"。

　　小 I 在病倒后、身心得以休整的那段时间，终于找到了自己想要的生活。她撕掉了所有的标签、突破了身份和社会地位的束缚，决定做最纯粹的自己。于是，小 I 在一毕业就入职的大公司里上班，同时悄悄做起了副业，在确保自己拥有了足够的经济实力后，便辞职创业，做起了教练。即使现在无法像当初作为上班族那样拥有稳定的经济来源，但是小 I 还是感受到了当下生活的意义和价值，切身感受着鲜活的人生，饱含热情与活力投入工作。最初她的父母强烈反对小 I 的选择，但随着时间的推移，现在也开始慢慢理解小 I 的做法。

也许不是所有的事情都能一蹴而就，可是即便如此，我们也要选择相信自己。饭要一口一口吃，问题也得一个一个解决。能够按照自己的节奏，紧握人生的方向盘，真的是棒极了。

你也尝试着重新审视一下自己和父母的关系吧！请你准备好纸和笔，按照本书第 42~43 页提示的方法进行吧。

在用心回答这些问题的过程中，你能够把握和理解当下自己与父母的关系，判断哪些观念是必要的，哪些是不必要的，也能让你意识到构建自我价值观的重要性。

其实，不仅限于小 I，我们每个人在过往的人生中都曾全力奔跑，无一例外，所以现在没有必要再去满足父母的期待，按照父母的意愿和想法去生活了。因为你的幸福就是父母的幸福，这是最真实的爱。

即使孩子没能按照父母的期待成长，父母也会真心希望自己的孩子能够幸福。即使孩子辜负了父母的期待，父母可能会一时沮丧，但他们会意识到自己对孩子的那份爱从未减少。为人父母是一场关于爱的修行，每个父母都会在这场修行中学会给予孩子持续的爱。

正因为亲子关系的纽带是深沉的爱，所以没有关系！请你放心地迈开奔向未来的脚步吧，你的父母一定会用爱为你护航。

重新审视亲子关系的方法

☐ 请分别写下父母持有的各种观念

金钱是什么？

成功是什么？

幸福是什么？

☐ 对此，请分别写下你内心真实的想法

金钱是什么？

成功是什么？

幸福是什么？

☐ 请你写下父母对你的期待，希望你成为什么样的人？

□ 父母的教育方针是什么？

□ 请写下父母的成长背景（时代背景、家庭环境等），父母过往的伤痛，抑或心理阴影

□ 在考虑到父母成长背景的基础上，请你分析一下为什么父母希望你成为那样的人，为什么要采取那些教育方法（例如，父母希望孩子能和自己一样，或者相反，希望孩子不要再走自己的老路，受当年的苦）。

□ 得益于父母的言传身教，哪些已经成了你自身的价值？

□ 你父母的价值观对你影响有多大？请写下你能想到的内容。

□ 在意识到自己内心的真实想法和父母的观念存在偏差后，今后你会树立怎样的价值观驱动自己的人生？请你试着写下来。

♡ 重新梳理父母的想法，
重新认识父母 ♡

　　到此为止，我们一起学习和实践了如何摆脱原生家庭给自己强加的观念枷锁。可能在这过程中有人会有疑惑，"从原生家庭得到的一切观念都必须要舍弃吗？"当然，我们没有必要全盘否定或舍弃，还有很多是我们无比珍重的东西。而这些需要我们珍重的，实际就是通过父母的言传身教，淬炼和提升出的、属于你的价值。

　　此处所说的"价值"是指"你过往的经历"。无论是正面积极的事情，还是负面消极的事情，人生每一段经历都是你的经验，也是你的价值。

【事例 1　被热心于教育的母亲一手带大的小丫】

　　比起小丫的哥哥和弟弟，母亲对女儿小丫的教育格外用心。小丫的哥哥、弟弟都是就近读的公立小学，母亲却让小丫考入私立小学。小的时候，小丫很讨厌母亲只针对自己的严格管教。来找我做咨询的时候，小丫和我说道："那时，我特别想去离家近的公立小学，因为有可以一起玩耍的小伙伴。"

但是在和她的交谈中，我慢慢发现了小丫母亲对女儿教育如此上心的原因。小丫的母亲作为家庭主妇，因为没有工作只能依靠丈夫，甚至连离婚的权利都没有，所以小丫的母亲不希望女儿再走自己的老路，对女儿的教育极其用心，希望女儿能用高学历这块敲门砖，找一份好工作。小丫的母亲正是因为经济不独立，在婚姻中吃了一辈子的苦，所以她才极其重视女儿的教育，希望小丫长大后能自立于世。这是母亲对女儿最深沉的爱。

小丫也很争气，通过自己的努力学习，考入了日本的顶尖大学，也顺利进入日本的大企业，成了一名职业女性。因为小丫在工作中总是兢兢业业，从不偷懒，始终保持学习的奋进姿态，也不会半途而废、轻言放弃，深得上司认可和顾客信赖。正是母亲对自己严格的教育，塑造了小丫的坚韧性格。在工作中，小丫勇于担当，敢于作为，做出了一番事业。

虽然从前的小丫对母亲严厉的管教感到喘不过气来，但是现在小丫身上最宝贵的价值：坚忍不拔的毅力、高度的责任感、卓越的学习能力和感悟力、高水平的技能以及通过工作来构筑信赖关系等优秀的品格和能力，都源自母亲的人生价值观对小Ｙ潜移默化的影响。

【事例2　含着"金钥匙"出生的小S】

小Ｓ的父母是当地有名的实业家，他们家算得上当地的名门望族。出生于这样的家庭，小Ｓ无论怎么努力，外界都认定"你优秀也是因为你的出身"。小Ｓ很讨厌自己的努力被外界这样贬低和否定。

小Ｓ和我吐苦水说："我一直被贴上××家女儿的标签，从没有被作为一个独立的个体看待，也没有人能体会我的痛苦。我真的很想作为一个普通女性去过好自己的一生。"小Ｓ深感唯有自己创业，才能甩掉自己身上"富二代"的标签，活出真正的自己，所以她决定挑战自己，走上了创业之路。然而，原本以为创业之路会一帆风顺的小Ｓ，在以"普通女性"的身份开展业务时，总是把真实的自己隐藏起来，结果事业发展得不如人意。为此，小Ｓ常常感到焦虑和烦闷。

正是在创业最艰难的时候，小Ｓ听了我的讲座。我告诉她说："出生在显赫世家，你自带端庄高贵的气质，谈吐大方，举止优雅，这本身就是你自身价值的一部分。"重新意识到自己真正价值的小Ｓ，在随后的创业过程中，不再刻意隐藏，而是以最真实的姿态继续着自己的事业。

在这个过程中，小 S 的内心也越来越舒展和自由，创业之路也自然越走越顺畅。现在的小 S 深受客户喜爱，大家都能看到她的闪光点，因此粉丝也越来越多，转眼间小 S 已经成了一名人气讲师。

就如小 S 一样，父母帮你淬炼和提升出的"价值"，已经内化和融入了自身价值。倒不如说，这是你好不容易才从父母那里继承下来的宝贵价值，所以请你一定要珍惜。留存这些价值的本质内涵，结合时代的发展变化，灵活重塑属于自己的价值体系，并不断更新自我。不要全盘否定从父母那里继承而来的价值，而是要心怀感恩，接纳并在自我和时代的熔炉里淬炼它。

当我们能以这样的心态面对来自原生家庭给予的馈赠时，就能对拳拳父母心心怀感恩，一路向前。

【事例 3　被父母放任长大的小 M 】

作为海归的小 M，每天做着自己喜欢的事情，不断地挑战自我。第一次来听我讲座的时候，小 M 告诉我，由于父母每天都很繁忙，从小自己就被放养。儿时的记忆里，几乎没有和父母一起玩耍的温馨画面。那时的小 M 觉得自己是被父母遗弃的小孩，认为父母并不爱自己。

但是深挖底层原因，我注意到小 M 的母亲作为姐姐，从小忙于照顾残疾的妹妹，成了妹妹的"全职保姆"，完全没有个人时间，后来也是匆匆忙忙走入婚姻。

在婚后，小 M 的母亲不仅要继续照顾妹妹，还要照料 4 个孩子，更是从早忙到晚，一刻不停歇。

看着母亲每天忙碌的身影，小 M 不禁问道："妈妈，你以前有过自己的时间吗？"妈妈说："我从来都没考虑过这些事情。"听到母亲的回答，小 M 意识到一直以来，母亲的生活里谁都有，唯独没有她自己。对被生活捆绑，失去了自由的母亲来说，让还是小孩子的小 M 就能拥有自由，是母亲用自己的方式表达对小 M 的爱。在小 M 的母亲看来，对女儿最好的爱就是给予女儿自由。母亲把毕生最渴求的"自由"给了女儿。

小 M 听到我的分析后说："父母给的爱，很多时候很难被儿女理解。"

同时，小 M 也意识到正是因为父母的"放养"，才让自己成长为一个无论是面对工作还是其他事情都乐于和善于挑战的人。不给自己人生设限的优点也是来自父母的馈赠。

小 M 的故事让我再次深深地认识到，无论何时何地，小 M 都能按照自我意志去选择自己的人牛道路，丰富自己的生命体验。那些体验内化成了小 M 自身最独特的价值，而给予小 M 这些宝贵价值的正是她的父母。

成长环境赋予过你的那些机遇

我们总是误解父母真正的想法，也许是因为那时父母没有精力去表达感情；也许是因为那时我们还太小，总会从事情的表象去简单地认识和理解父母。但是如今，你已长大，将自己意识到的对父母的误解和曾经的自以为是重新复盘，就能顿悟父母当时的苦衷和心意。

无论一个家庭是富有还是贫穷，家庭关系是简单还是复杂，人的成长环境并没有好坏优劣之分。无论怎样的原生家庭对你来说都是有意义的，都蕴含着自我成长和提升的机遇。唯有利用好原生家庭这一成长环境，不断学习和改造自己，才能提升自我价值。

相反，如果将人生的一切不如意都怪罪于父母和成长环境，那么就错失了让自己成长和提升的机会，实在是太不值得了！

对我们来说，从父母那里"继承"而来的价值，总是那么理所当然，很难让人意识到其实这些价值是多么的特别。甚至，更多的时候，我们在孩童时期还会对此抱有不满。那就先从意识到"你所处的环境才能真正成就你的价值"开始吧。

♡ 不给恋人、丈夫和孩子设限 ♡

在此之前，我们探讨了如何卸掉从原生家庭"继承"的"枷锁"（＝父母的价值观）。在这里我想提醒大家千万注意，即使你不再依赖父母，实现了独立，也绝不能再让其他人（伴侣、上司、老师等）代替你的父母，为你的人生再次铸上枷锁。因为如果你总是害怕与逃避，退缩在他人给你构建的"舒适区"里，就会丧失活出自我的内生动力。

本来，**寄希望于他人构建的"舒适区"，活在他人给你设定的条条框框里，就意味着你处于对他人过度依赖的状态。**这样很容易让自己总是优先考虑他人的想法，而不是留意自己的心声。当你真正意识到这一点的时候，自我能量已被消耗殆尽，感觉内心充满了负能量，处处不顺心，从而陷入恶性循环。

下面是我从补习学校的负责人那里听来的一个故事。在这所补习学校上课的学生，都是被父母、亲戚、抑或他人推荐而来的。在备考过程中，学生们的成绩一直不理

想。但是通过老师的耐心教导和沟通，学生们在意识到
"学习是为了自己，是为了实现自己的梦想"后，重新端
正了自己的学习态度，一下子变得充满干劲，开始主动、
自发学习，成绩也直线上升。

也就是说，当我们没有用别人的标准来框定自己的人
生，不会因为周围的声音而迷失自己，而是选择为自己的
幸福奋斗，就拥有了自主掌握人生的力量。

无论你在人生道路上和什么人相遇，都要勇敢地做自
己。所以，一点点破除套在自己身上的枷锁，选择能够活
出自我的人生道路吧。

♡ 给人生解套的有效方法 ♡

　　轻松卸下人生枷锁，给套牢的人生快速解套的一个好方法就是远离当下所处的环境，去一个全新的国家。这会颠覆自己以往的价值观。你会切实感受到那些自己曾经一直信以为真的观念和社会常识（从父母那里继承而来的认知），在另一个国家变得不合常理，每个人都有自己的价值观。

　　我也是来到美国生活后，才卸掉了"要做人见人爱的好孩子"这一沉重枷锁。但是刚到美国的时候，我也曾惊讶于日美两国社会价值观的差异之大。

日本

- 分为主导者（说话人）和追随者（听话人），不对他人言论发表反对意见。
- 根据籍贯、年龄、学校、职业、职务、收入、有无配偶、配偶的职业、有无孩子、孩子的学校等来判断一个人的好坏。

- 重视人际关系的协调性。
- 关爱他人、体谅他人会获得好评和赞扬。
- 顾客就是上帝。

美国

- 每个人都持有自己的价值主张，理所当然地直抒己见。
- 不以年龄评价他人。
- 尊重个体，人与人之间是平等的。
- 个人主义，不在意他人看法。
- 顾客不是上帝，无论是提供服务的一方，还是接受服务的一方都是平等的，处于同样的立场。

　　我在日本生活的时候，也常常被人表扬细心、机灵、有眼力见儿、懂得体谅他人。但是当我搬到美国生活后，才逐渐意识到了日本和美国社会存在着巨大的价值观差异："咦，原来在美国似乎可以不用在意这些，也许可以更加自在舒展地生活呀！"

　　长期生活在日本，我总也改不了察言观色，老是为别人着想的习惯。但是来美国后，我意识到自己在与人相处中，可以不用再处处谨小慎微、时刻如履薄冰后，就开始了摆脱"过度谨慎心态的练习"。例如，在餐厅就餐时，我不会特意去给朋友夹菜，也不会主动给空盘子添菜。我会和餐厅服务员提前打好招呼，让服务员事前按就餐人数分好餐盘和菜品，也会刻意训练自己学会等待，让一同就餐的人注意到并将菜品分给我。

一开始练习的时候，明明已经意识到了却还要假装看不到，这让我很别扭和难受。但是经过这样持续的训练，现在我也不那么在意了，精神上不再疲惫，越活越自在。我的亲身经历也是一个生动的案例。它告诉你通过走出国门，开启新生活，也可以给自己的人生解套。

尝试与价值观不同的人交往

讲完前面的故事，也许你会觉得："为了给套牢的人生解套，难道必须要去国外吗？"并非如此，和与自己价值观完全不同的人交往，也可以有效地帮助我们破除枷锁。

小 R 是个一丝不苟的人，而她的丈夫却和小 R 正相反，是个大大咧咧、不拘小节的人。

有一天，小 R 和丈夫准备一起出门。一向细致的小 R 为了能赶在 12 点出发前把家里收拾得干干净净，认真做了各个阶段的安排："8 点就得起床，接着洗衣服，打扫卫生……这样的话，12 点正好完成！"可是小 R 的丈夫却想在周末一觉睡到自然醒，不紧不慢地收拾好再出门。小 R 的丈夫觉得"过了 12 点也没事儿，只要不迟到就行"。

小 R 看着丈夫散漫又磨蹭，气不打一处来："明明我想在规定好的时间准时出门的！"其实在某种意义上，当下正是她破除枷锁的好时机。

当然小 R 完全可以和丈夫大吵一架，"不开心！真让我火大！明明我想在出发前安顿好的！"但即便小 R 和丈夫大吵一架，丈夫也不会有任何改变。你能改变的只有你自己，带着这样的觉悟，接纳彼此认知和观念的不同，而不是用自己的好坏标准来评判，这无比重要。

其实，我们应该试着去认真思考对方这样做的深层原因，"原来每个人的性格都不同，也有人就是这样不紧不慢的性格""那我要是想 12 点出发，应该怎样和他交流沟通呢"或者站在对方的角度考虑"他这么想睡个懒觉，也许是因为工作太辛苦了"。我们不能仅仅只关注事物呈现出来的外在结果"行不通、办不到"，而是要学会转换视角，深入理解导致"行不通、办不到"的内在原因。

这就是"不强迫对方迎合自己，放大自我包容性"的**思维方式**。如果你可以做到这样思考问题，自然而然就能破除套在自己身上的枷锁。

我向小 R 传达了这一理念后，她说："确实，我可能过于坚持自己的主张了"。听说这之后，小 R 也改变了和丈夫的相处方式，变得更加包容和体谅对方，进而对公司员工的说话态度也悄然发生了变化。

就像小 R 一样，遇到与自己持有不同价值观的人，实际上这是我们打破自我设限的壁垒、超越自我的重要契机。在面对观念交锋时，仅仅以"真让我火大"结束，而没有完善自我的话，就白白浪费了这个难得的机会。所以，请你一定要积极主动地破除自我设置的壁垒。

人生角色不因性别而区分，只因自身的特长而精彩

在男女分工的差异上，我也体会到了破除自我设限的重要性。让人感到意外的是，当今社会依然有很多根深蒂固的社会性别分工的陈旧观念，认为"男主外，女主内"。

但是正是在社会发展日益加快的今天，不被周遭影响，为自己构建一个自在舒适的活法就变得异常重要。社会角色不再是根据性别进行划分，不是因为"他是男性""她是女性"，而是基于每个人的优劣势、长短处，同时相互取长补短，互相配合，最大化发挥自身优势。当今时代，构建这样一种"协作的伙伴关系"也变成了可能。

如何自我推动，如何过一种积极主动的生活。我想我们已经迈入了跨越性别藩篱、尊重"每一个个体"特性、互帮互助的时代。

步骤 3

重塑个人价值观

♡ 做一个无论身处何种境遇，
都能顺风顺水的人 ♡

在本书步骤 2 中，我们详细论述了如何卸掉人生背负的多余枷锁。本章将会讨论如何构建属于自己的价值观体系。

拓展自己的价值观，不断与时俱进更新自己的价值观，自我价值也会随之得到提升，我们自身的力量会越来越大，灵活度会越来越高，包容性也会越来越强，让你产生"讨厌，我做不到，我无法接受"的事情会变得越来越少，结果就是你的生活也随之变得平和。

想要提升自我价值，就需要不断地尝试新鲜事物，不断地挑战自己。通过自身努力提升自我价值，做自我幸福的缔造者，是极为重要的。

例如，当想学点什么的时候，即使是相同费用的讲座，有的人会对自己的人生负责，积极主动地学习，相反有的人却只想"坐等靠"。

前者，能最大限度地吸收知识，娴熟地运用好这些技能和知识，成就自己的人生。积极主动学习新知识，探索未知领域自不必说，他们还会以"一切信息都要为我所用"的积极态度认真听课。例如，即使一同听课的同伴对他们的观点提出了较为严苛的意见时，他们也会从正面积极的角度看待对方给出的建议，并从别人的建议中汲取智慧。

这类人心存"推动一切事物向着更好的方向不断发展"的坚定意志，内在心态决定外在行为，他们积极的行动也随之而来。其结果就是，他们的人生之路越走越顺。即使遭遇坎坷，也不会失落消沉，而是以积极进取的乐观心态，从失败中总结教训。每天的心情不会被外部环境和人际关系等身外之事所左右。

但是，那些"坐等靠"的后者，总是以被动的姿态等待他人"改造"自己。总是习惯寄希望于别人告诉自己如何去做，从他人那里寻求人生的"标准答案"，任由他人掌舵自己的人生。其结果就是，所处的外在环境和面临的人际关系会深刻地左右自己的人生。

其他方面也是同样的道理。例如，跳槽时，习惯"坐等靠"的人相信"只要能给我一个好的环境，我就会做得很好"，所以总是试图寻找一份"完美"的工作。但是世界上并不存在百分之百契合自己的完美工作，所以对于消极的人来说，无论身处何地，他们总是会满腹牢骚。

　　当然不可否认，我们每个人或多或少都对社会和领导抱有不满，但是无论你怎么哀叹和抱怨，现状也不会得到改善。不要只是被动地等待对方给你提供好的环境，而是自己负起责来，主动创造让自己人生更闪耀的舞台。

　　请一定铭记于心，凡事都要以"对自己的人生负责"的态度，做到"亲力亲为"。

♡将内心所想转化为文字，让内心的渴望有迹可循♡

"关于这个问题，你是怎么想的？"迄今为止，在你所接受过的教育场景中，你曾被这样问到过几次呢？我想应该屈指可数吧。

我们从小到大所接受的教育都在追求"正确答案"。在这样的环境中成长，我们逐渐形成了不会主动提出质疑，只会被动等待提问，然后用一套标准答案来回应的被动型思维模式。

然而一个真正会主动思考的人，会想也许对方并没有绝对正确的答案。每个人的成长环境不同、经历不同，所以想法、价值观以及判断好坏的标准自然也不同。我们完全可以在相互尊重价值观差异和多样性的基础上，各持己见，多角度提出问题，并齐心协力、献计献策，找到富有创意的解决方案。

也就是说，不是被动地接受他人抛出的问题，寻找"正确答案"，而是主动思考和抛出质疑，然后团队协作解决这些问题。培养自身的包容性、灵活性和多样性，提高解决问题的能力，自发地做出自我改变，就能学会独立思考，产生强烈的责任感。

例如，当我们购物时，刚走进服装店，导购员就拿着当季最流行的款式（其实，这只是导购员的销售技巧，想推销店里的新款）热情推荐说："您要不要看看这件？"紧接着又说："这件衣服太适合您了！"我们常常因为盛情难却，就这样被导购员带着节奏走，违心地消费了一番。

但是作为消费者，我们完全可以和导购员进行沟通，告诉对方自己真正的需求："我想要这样的衣服，能和我一起找找吗？"按照自己的节奏，买到最称心如意的衣服。想要做到这一点，最重要的就是用具体的语言，向导购员表述你真正想要的衣服。如果难以将内心所想转化为具体的语言，何谈向他人提出请求呢。如果不能向导购员传达准确且具体的需求，导购员就无法了解顾客的需求，顾客自然也无法买到称心如意的东西。

不仅限于购物，无论做任何事，都要有磨炼"自主思考，并将其化作语言，为自己的行为负责"的能力。如此，内心的"满足度和幸福感"也会得到大幅度的提升。

从不抱怨的思维方式

处处陷于被动的人，常常对周遭的人和事抱有不满，容易陷入消极的情绪泥潭，觉得事事不顺心。因为这样的人觉得"自己什么都做不好"，所以他们认为"如果身边的人和环境不做出改变，就会让自己陷入为难的境地"。将人生的幸福寄托于他人，只愿坐享其成，却不相信自己能成为摆渡人，将自己渡到幸福的彼岸。

但是如果一个人连自己都不相信，是无法收获幸福的。其实，如果我们能为自己的幸福主动思考、持续思考，遇到任何问题都能靠自己的力量迎刃而解。

所以，能够从心底认为"不抱怨、不指责，一切靠自己解决""靠自己拼搏，重整旗鼓就好"，拥有内在能量能够改变外界事物的人，从不抱怨。

自然而然地抓住幸福的契机

因为握有人生主动权的人，总能时刻思考让自己幸福的方法和路径，所以自然而然也就能把握住稍纵即逝的、难得的机遇，乘势而上。因为他们为了追求自己的幸福，在平日里也总是延伸出自己灵敏的"触角"，捕捉那些多种多样的、让人幸福的契机。为此，在平日你可以从以下的 3 个步骤做起。

①深入全面地了解自己，意识到自我价值；

②与内心世界对话，用语言表达心声，重塑自我价值观；

③主动出击，成就自己。

就让这3个步骤来助力自己把握幸福人生的契机吧。

本章首先讲解实践步骤①和②的方法，在下一步骤将会介绍实践步骤③的方法。

♡ 找回自我价值 ♡

　　你是如何衡量自己的价值呢？又是在什么时候能感知到自己的价值呢？

　　经常有女性满怀自豪地说："我的丈夫在某某公司上班""女儿考上了某某重点中学"，她们总是以丈夫的事业成功和儿女的学业为荣。她们的自我价值定位就是寄托于家庭，但是真正的自我价值并不能这样简单肤浅地衡量。请你吃山珍海味的饕餮大餐，赠送你一份价值不菲的礼物，这些都不是自我价值。

　　来自他人的爱也同样如此。他人给予的爱也并不能使你的自我价值获得提升。如果你总是将自我价值建立在"从他人那里获取的外在物质"上，那么他人也会通过"从你这里获取的外在物质"来衡量你的价值。

　　如果将自我价值寄托到丈夫或者男朋友送给你的礼物上，哪一天对方离开了你，或者对方经济收入急转直下，没有能力负担奢侈的生活，那么你的自我价值感也会随之丧失。当你在找寻人生伴侣时，如果遇到约会主张 A A 制的男性，或者遇到不愿带女朋友到高档餐厅的男性时，就会感到挫败，没有价值感。

但是，你的自我价值真的就由这些外在事物决定吗？

难道说，自我价值就是这样被他人轻易左右的吗？

你的自我价值感取决于你自己，植根于自身。你的价值始终要靠你自己去找寻和提升。

如果我们能靠自己去找寻和赋予自身价值感，那么我们也就不会再以"他能给我钱吗，他能给我礼物吗"为衡量自我价值的标准，就能做到**不被他人左右**，**活出自在人生**。

了解自我价值，并通过自己的努力提升自我价值，是极为重要的。

用语言具象化自我价值 和附加价值

本节首先对"价值"进行简单说明。

本书所讲的**"价值"指的是人本身所具有的特性**，是自己自然而然就能做到的事和自身所具有的特质。在无数的特质中，有些是正面积极的，有些则是负面消极的，但是无论哪一种特质都是你独一无二的"价值"。

并且，**还有作为提升自我存在意义与价值的"附加价值"，指的是通过多样的人生经验和丰富的生活阅历提高的价值，也可以理解为积累掌握的技能和具备的能力。**

也许不太好理解，此处尝试用具体的事例给大家简单解释一下。

我人生中第一份零工就是在家附近的一家大型超市当食品货区的收银员。我想做这份零工的原因是我常常被人称赞擅长与人打交道、善解人意、礼貌自然又善气迎人，当时的我觉得在超市当收银员能直接和顾客打交道，可以发挥自己待人接物的优势。

当时，那个超市里还有很多比我大两三岁的正式员工。但是他们似乎已经看不到生活的希望，也失去了工作的热情和动力。看到他们放弃生活、得过且过的人生态度，当时只有十几岁的我大为震惊："每天上班如同行尸走肉，难道他们就打算这样消磨几乎占据了自己全部生活的工作时光吗？"

至今我仍记忆犹新，正是那段经历让我开始认真思考自己到底想要怎样的人生。至少作为和我最亲近的成年人，母亲对工作倾注了满腔热情，在自己的岗位上"闪闪发光"。那我呢？会走上怎样的人生之路？也许那时的自己，内心早已有了答案。

当我面临无处安放的不安与焦虑时，我就会试着向母亲看齐。从幼年时期一直到小学高年级，我常常跟着母亲去她的公司"上班"。那时，我的母亲还是保险公司的一名保险营销员。母亲在上班，我就安静地坐在办公室的角落里，好几个小时目光都追随着母亲忙碌不休的身影。母亲总是以饱满的工作热情和持续的工作动力，全身心地投入工作，从来不被周围环境影响，总是以积极主动的心态对待工作。销售业绩稳居第一，备受领导重视和同事仰慕。多次被猎头公司挖走，无论在哪家公司，母亲的业绩都名列全国前三。

我开始思考"我也要在工作中找到属于自己的快乐，

也想和母亲一样充满干劲,带着使命感、责任感和主人翁意识来对待每一份工作。对于当下的自己来说,我能做的有哪些呢"?那时还在超市工作的我,自觉加快了收银的效率,并记住了每一位顾客,向他们投以热情的微笑,主动和每一位顾客打招呼。于是,接下来发生了让我意想不到的一连串连锁反应。

首先,因为我一直都很重视收银的效率和准确性,在不知不觉中,我已经把自己练就成了店里最"快准稳"的收银员,所以只要我往收银台前一站,就陆续有顾客来结账,不一会儿收银台前就会排起长长的队伍。当时还不流行"无现金支付",顾客都是用现金直接付款的,收银的效率和准确性都极为重要,所以我在收银找钱时格外小心,即使是 1 日元也绝对不能弄错。

之后,在保证收银效率和准确性的同时,我还会快速记住每一位顾客的名字和相貌,一边和前来购物的顾客说:"欢迎惠顾,感谢您的光临",一边和常来的老顾客唠家常,"您今天穿的这身,是真好看呀"。结果,收银台前的队伍越排越长。

虽然这家超市有好几个收银台,但只有我的收银台天天排着长队,其他的同事也站在我身后,笑容满面地接待着顾客,帮我分担了不少工作。这份平凡的收银工作,让我收获了来自同事和顾客的无数温暖笑容,也让我意识到原来自己这么喜欢看到别人的微笑。

　　通过我的这段打零工经历，你会发现，其实我最初的"价值"是"有让他人感到如沐春风的性格"。但是通过这段超市收银员的经历，在提升原有自我价值的基础上，我得到了新的"附加价值"。在这段经历中具体指的就是"快速收银的技巧""把每一位顾客记在心里的额外努力""用乐观向上的情绪感染和调动他人，能给身边的人带来积极影响的能力""让自己、同事以及每一位顾客都能会心微笑的能力"以及"获得来自顾客、领导和同事高度评价后收获的自信"。如果用图式表示附加价值，如下图所示。

附加价值＝
（自我价值）×（自身经验与阅历）×（内心想法和目标）

　　为了能以大阔步向前的自信姿态活出自我，在原本的价值底色上，通过丰富人生阅历和积累人生经验，不断赋予自己多姿多彩的附加价值，是异常重要的。因为仅仅只是提高自身的原有"价值"（以我为例，只是把"如沐春风的和蔼亲切"做到极致），并不能保证你比别人技高一筹。因为这些你能做到的，很多人也同样能做到。

　　为了创造附加价值，按照内心的想法和意愿，朝着既定的目标去发挥自身原有价值是极为重要的。我也正是因为

"不希望被消极情绪影响，只想做阳光积极、开朗向上的自己"，才被母亲热忱专注的身影所激励，主动和顾客打招呼。

让我们将原有的自我价值、丰富的人生经验以及内心的想法和目标这三者产生相乘效应，创造属于自己独一无二的"附加价值"吧。当你能意识到要为自我增值，不断赋予自身附加价值时，也就改变了对自我的认知。

从自卑中超越自我，创造新的附加价值

小 L 特别擅长写作，妙笔生花的文笔是她的价值所在。

但是小 L 却一直对自己的容貌没有自信，她通过努力学习化妆技巧、发型和时尚知识来装扮自己，最终克服了对自身容貌的焦虑和自卑。接下来，我想告诉每一位和小 L 一样因自身容貌而烦恼的人克服自卑的方法。

在此以小 L 为例，对她的附加价值分析如下。

> 价值：妙笔生花的文笔。
>
> 经验：克服了对自身的容貌焦虑和颜值自卑。
>
> 内心所愿：想帮助同样为容貌而焦虑自卑的人。
>
> 附加价值：在博客等社交媒体上，以通俗易懂的文字向更多的人传播提升自我形象的技巧。

人际关系的烦恼锐减

明确自身的附加价值，这并不是什么值得炫耀的事情，因为它只是让你客观认识自己的途径。如果你觉得"自己毫无价值可言"，我希望你能尝试着像小 L 一样清晰地写下自己的价值。

关注自我价值，发掘自身的附加价值，我们终究会找到那份独有的自我存在意义。因为自身的附加价值，是只属于自己的独有价值，所以更是稀缺价值。你应该知道，认清自我独有的附加价值，能够增强自信，减少对他人的依赖，最大化自身优势，用自己的双脚丈量人生。

并且，独特的附加价值对于有相同痛苦经历的人来说，有着非同寻常的意义。正因为如此，在商务和生意中，它也是非常重要的一个视角。

当然，无论对于爱情、亲情还是友情，都是同样的道理。只要在人际关系的互动中能够充分认知、实现自我价值和附加价值，就能自信满满，活出自我。其结果就是人际互动更加和谐，人际交往的烦恼也会锐减，在人生的各个层面都能让生命得到充分的绽放。

♡ 价值隐藏于挫折之中 ♡

　　在自己认定的那些过往所谓的"失败"和"挫折"中，隐藏着提升自我价值的人生契机。

　　小 U 大学毕业后进入广告公司担任广告文案撰稿人，干劲十足地工作了近 20 年。因为是自己十分喜爱的一份工作，小 U 觉得这份工作很有价值和意义，所以她从不觉其苦。这份工作本身要求很高的专业性，工作了 20 年的小 U 积累了丰富的经验，掌握了这个领域的核心关键技能，即使离开现在的公司也能在社会上有立足之处。

　　但是之后由于公司内部岗位变动，小 U 被调到了她并不感兴趣的管理部门。因为不是自己喜欢的工作，她积攒了大量的压力，导致身心疲惫，最终选择了离职。对于小 U 来说，这次岗位变动和离职是她职业道路上的一次巨大挫折。

　　小 U 为了修复身心的焦虑，开始学习普拉提，这项运动很适合她。在练习普拉提的过程中，小 U 体会到了从未有过的身心愉悦。没过多久，小 U 就恢复了往日的活力。

在普拉提中找回自我的小 U 也成了一名普拉提教练。小 U 各方面能力很突出，重新迈入职场，在新的工作岗位上也游刃有余，生活和工作也回归了正轨，但是内心深处还有一丝不安的她来到了我的讲座。

小 U 说自己为了消除内心的不安和焦虑，广泛涉猎了普拉提以外的新知识。认为自己"一无是处"的小 U 总想着必须提升自己。但是小 U 其实已经具备了作为广告文案撰稿人的极高素质，拥有极致的创意思维与娴熟精练的文字表达能力，只是因为在工作中遭受了打击和挫折，就忽视了自我价值（实际上，是部门调动后做自己并不喜欢的工作，才让小 U 认为"自己变得一无所有"，觉得经历了一番挫折）。

听完讲座后，小 U 意识到自己"真正想从事的是创意类的工作，能够用自己富有创意的推广文案在社会上引爆一个产品的过程很有趣，也很有成就感"。于是，小 U 遵从了自己内心的选择，重新进入广告领域，开启了下半段的广告文案撰稿人的职业生涯。现在的小 U 重新焕发了活力，比担任普拉提教练时更熠熠生辉，整个人被平和与幸福笼罩着。

在人生遭遇重大挫折时，普拉提帮助小 U 放松身心，保持内心愉悦和健康的体魄。对小 U 来说，这是一段无比重要和宝贵的经历。

但是只有当小 U 再次重建了自我价值感后，才重拾了正能量和自信心，在内心找寻到了"我为什么想做这份工作"的真正答案。这时的小 U 才做到了从心底喜爱这份工作，并为此倾注了满腔热情。

你的价值并不是只来源于成功的体验，你感受到的和所经历的所有挫折、失败都孕育着积极的价值。请你一定不要忘记，即使是那些被世人看作失败的经历，都是帮助你提升自我价值的最好馈赠。

♡ 以中立的眼光看待事物 ♡

要想扩宽与重塑自己的价值观，就必须消除一直以来所持有的非黑即白的二元对立思维，学会用多元的眼光看待一切事物。如果我们能够以中立的思维认知去平视世界，就能不断扩展自身价值观的边界并发掘更多的可能性。

平视世界，就是要求我们在与他人交流时，以下述两点为前提。

①无论对方在沟通中选择了怎样的词汇，这些选择都基于说话人当下的精神状态、情感波动以及过往的人生经历。每个人都有自己看待这个世界的方式，沟通表达的方式上也都有各自独有的特征。

例如，当对方表述较为严苛时，通常对方感觉到的是"被责备、被否定与不被理解"，或者对方的话语中其实隐藏着自卑或烦恼等。

②如果你因他人的言语而受到伤害，那么真正的原因

可能并不在对方，而是在你自身。

例如，因为自己过去的痛苦经历或者抱有的自卑感，很容易对他人的言语产生过度反应。

如果能理解上述两点，我们的情绪就不会被他人的话语或态度轻易左右。当我们意识到对方口出恶言的原因在于对方自身，就不需要再自责内疚，也就不会厌恶对方。这不仅能够让我们活得更加轻松，也赋予了我们发掘自身更多可能性的机会。在听我讲座的学生中，也有不少人将自己的思维方式转变成平视他人后，对事物的认知发生了180度的转变。

接下来，我将具体介绍拥有中立视角的诸多好处。

好处 1　人际关系得到改善

小 J 是一名公司职员，工作认真刻苦，但就是总跟上司合不来，这令她很烦恼。她的上司时常抱怨小 J："你怎么连这点事儿都做不了呢？"小 J 总觉得自己天天被上司无端指责，积攒了不少怨气。因此，她心里默默地想："希望上司能够更加认可自己，对自己多点温柔，不要再天天指责批评自己了。"

面对为此苦恼不已的小 J，我告诉她："不要等待上司做出改变，你自己要先学会放下偏见。"在听取我的建议后，小 J 和上司的关系也随之发生了惊人的变化。

小 J 一直都认为，因为上司对我工作上的努力从来视而不见，所以总是处处针对我。但是放下固有偏见后，小 J 意识到正是因为自己"带有偏见地认为上司从不认可自己的工作"，才会只从字面意思理解上司的话，进而曲解了上司本无恶意的话。

这当中最重要的原因是小 J 对自己的工作能力没有信心，所以总想赢得上司的认可。是的，正是因为小 J 内心深处的自卑与不安，才会负面解读上司的言语。

然后，小 J 也意识到了另外一点，那就是其实上司对自己也没有信心，也渴望得到下属小 J 的认可和信任。正因为小 J 的上司也没有自信，希望小 J 能信任和认可作为领导的自己，所以才会说话语气重了些。

此外，小 J 也注意到了，其实上司一直都很在乎她，时刻想着有没有问题需要自己出面帮助解决。但是小 J 的上司在表达情感上显得有些笨拙，不善于流露内心的真实想法。这样看来，对方的严苛态度其实源于对方。

当小 J 意识到这一切后，对上司话语中隐藏的"想给你好的建议""想鼎力支持你"的真实情感，也饱含感激之情。于是，小 J 越来越多地看到了上司的过人之处，也打心底里开始认可和信任上司。现在小 J 和上司的关系很融洽，小 J 发现上司其实很平易近人。

就如这样，如果我们只是止步于"希望他人做出改变"的抱怨，那么事情是不会有任何进展和改变的。但是只要我们放下对别人的偏见，就能轻松顺利地构筑一段良好的人际关系。

小J的故事就是一个很好的例子。正是因为小J意识到了自己和上司的言语中其实并没有伤害彼此的意图，所以小J和上司的交流也变得无比顺畅。如果我们能够认识到自己因他人言语而受到伤害的真正原因，也就不会再试图去改变他人，不会再执着于胜负，不会再建立刻板的上下级人际关系了。

小J的例子告诉我们，当你苦恼于人际关系时，要以客观中立的视角看待周围的人和事，不要轻易去责怪他人，先从认可他人开始着手改善。这样一来，对方也会快乐，内心也逐渐感到满足。只要对方的心理需求得到了满足，就会不自觉地思考"有什么我可以帮上忙的"，发自内心地想要回报他人的好意。善意的良性循环就是这样形成的。

当我们可以做到平视世界时，无论对方抛来怎样的话语，我们都可以有所收获和成长。因为无论对方说了什么，语言只是表达载体和信息本身。如果别人对自己说了很过分的话，你是会被这些话的字面意思所左右而内心受挫呢？还是探寻他人话语背后的本意，以积极的心态去正面解读，让自己成长呢？最终决定权还是在你自己手上。

所以，我希望你在与他人交流时，一定要把对方的话当作"加入了个人复杂体验的信息"来理解，明白他人的"言外之意"，打造积极有效的沟通模式。

好处 2　能够敞开胸怀接纳和理解他人的意见

如果你能够以中立、客观的视角看待他人和事物，就会发现即使他人持有和你不同的价值观和意见，你也知道"对方并不是在否定你"，因此也就不会被他人的言行所左右。

能够包容他人价值观的多样性，更能彰显你的价值和提升自我的人生格局。

相反，如果总是对他人抱有成见，只相信自己的价值观，对他人的价值观持否定态度，就很容易做出"和自己价值观一样的人是好的，和自己持有不同价值观的人是无法接受的"的判断。如果变成这样，你的人生会尽是不如意。

在此，我和大家分享关于小 N 的一个故事，她曾是我讲座的一个学生。小 N 一直以来都拒绝和自己价值观不和的人相处。但是这样一来，小 N 和谁都无法建立起信赖关系。在意识到这一点后，她开始尝试学着理解和接纳他人不同的价值观，下面的故事就是从这时开始的。

我终于意识到自己一直以来都在为"得到"而拼尽全

力，从未想过要去"给予"。虽然我的恋爱现在进展得一切顺利，但是职场上的人际关系却一塌糊涂。如果我不想和这个人产生任何关联，就会拒人于千里之外。从前的我，因为要强，从不甘落于人后，言行举止霸气十足。

当和老师说到从前的自己时，您问我："为什么想拒人于千里之外呢？""被你拒绝，对方又会是怎样的感觉呢？怎样的沟通方式能解决这个问题呢？"面对老师的提问，我一时竟不知该如何作答。

想来也是，那时的我从未考虑过要和那位被我"拒之于千里之外"的同事沟通工作、交流情感。现在的我才意识到那时的自己总是随便就给予自己不合的人贴上负面标签，很容易排斥他人。

"虽然现在恋爱进展顺利，但是如果今后你和男朋友在一些问题上持有不同观点，或者发现和男朋友存在着巨大的价值观差异时，你就会不自觉地重拾过往在人际交往中的不良习惯，在亲密关系中也无法建立起长期的信赖关系。现在在职场上遭遇的问题正好是一次难得的机会，抓住这次机会，改掉自己在人际交往中的坏习惯，这对你来说很重要。"老师的这番话点醒了我。

确实，一直以来，我从未想过去理解对方的处境，只是坚持己见，现在回过头来看，真为自己的狭隘感到羞愧。

之后，我摆正了心态，提醒自己要以中立客观的视角看待周围的人和事。曾经那个对职场人际关系怵头的我，也终于可以在职场上越活越自在。那时的自己并不擅长和性格强势的人打交道，但是学会以平和的心态摒弃成见看待他人后，我意识到对方"咄咄逼人"的姿态，其实源于自卑，反而是对方不自信的表现。所以，现在的我总能以言查人，探知对方真实的想法，思考"对方采取那样的行为和态度，究竟想表达什么呢？"即使同事以盛气凌人的态度和我说话，我也能够以平和的心态与其交流，向对方确认："您想表达的是这个意思吗？"

现在，我和从前认为完全合不来的同事也解开了心结。不仅如此，从前火药味十足的"冤家"现在也成了自己的最佳"战友"。明明只是在待人接物上保持客观中立的态度，却带给我翻天覆地的变化，实在是让我深感意外。

就如小 N 一样，保持中立客观的立场，敞开胸怀理解他人、接纳他人的不同看法，做到尊重他人的价值观，就能和持有不同价值观的人和睦相处。

好处 3　能够碰撞出奇妙的化学反应，丰富自我价值的多样性

持有不同意见的人在相互讨论和切磋的过程中，会碰

撞出智慧的火花，突破已有认知的"天花板"，从而得到超出想象的全新答案。

从前有一件事情令我印象深刻，某一天，我和大家一起用餐。在饭桌上，小 C 和我们诉苦："我现在有一个交往对象，感觉已经到了谈婚论嫁的地步，可是进展却不尽如人意。"

为了帮助小 C 化解烦恼，有人问道："你男朋友是怎样的人呢？"在座的其他人也从各个角度问了小 C 很多关于她和男朋友的事。结果，小 C 说的都是关于男朋友的职业、社会地位、收入等外在信息："我的男朋友是医生，现在正筹划在某某片区新建自己的医院，身高是……"

听了小 C 讲述，其中一位女士给她做了一番分析，也提供了不少建议："如果我说错了，你不要在意。刚才听了你的描述，我感觉似乎你在意的都是男朋友的社会地位、家庭条件什么的，而他到底是什么样的性格和人品，完全没有提及。你似乎并不关注和了解他的内涵，我猜这就是你目前恋爱陷入困境的原因吧！"

虽然那位女士的说话方式很温和委婉，也很照顾她的情绪，但小 C 还是强烈地感受到了"自己被他人否定"，倍受打击，在饭桌前默默不语。但是过了几日，小 C 主动联系我说自己有了"新的领悟"。

那次聚餐，那位女士的评论就如"当头一棒"，一针见血地指出了我恋爱不顺的原因，委婉地批评我只看重对方的外在条件。说实话，当时自己真的很受打击，心情也很低落沮丧。但是我仔细思考了以后，意识到她说得对。自己确实从未和他人谈及男朋友的人品和性格，也没有触及他最深层次的本质部分，更从未试着去了解他。正因为如此，我和他人谈论到他时，说的也都是些表面肤浅的事情。

而且现在回想起来，当时给我意见的那位女士，在听到我的回答后，如果对我说："这样呀，你男朋友是个很优秀的人。"给了我温柔的反馈，我会以为那位女士是在随意应付我，没想到她却站到我的角度，设身处地为我着想，给予我宝贵的意见。所以，我也想以此为契机，重新审视自己。

为了帮助小 C 走上更高的人生台阶，我和她说："接下来，你要认真思考并回答我的两个问题。"

● 如果你男朋友不再拥有较高的社会地位和优渥的条件，你还会和从前一样喜欢他吗？
● 如果你男朋友生了重病，失去了健康的体魄，你还能做到不离不弃，陪伴和照顾他一生吗？

令人遗憾的是，小 C 无论思考了多少次，答案都是否定的。现在的小 C 不再执着于对方的社会地位和经济能力等外在条件，而是看重对方的内涵，在寻找真爱的路上重新出发。

像这样，在与持有不同价值观的人不断交流和碰撞中，你会收获"新的视角"。在这个例子中，不仅小 C 从那位女士的建议中收获不少，对于那位女士来说，也了解了原来爱情中还有这样的一类人，这也是一种学习和收获。她们彼此都在价值观的碰撞中，不断延伸了认知的深度和广度。

让我们保持中立客观的立场，不断和多元化的价值观相碰撞，拓宽视野，引领自己走向更深远的人生境界吧。

步骤 4

采取行动

♥ 难以付诸行动的真正原因 ♥

当你重构了自己的价值体系后，就到了付诸实践的阶段。这一阶段会出现两类人：一类是"付诸行动的人"，另一类是"无法行动的人"。

如果一开始就只想"完全按照自己的计划和想法"行事，追求完美，那么你可能永远都等不到行动开始的那一天，因为想法总是变来变去。不如现在就马上行动起来，根据实践结果和自我感受的反馈，在过程中不断修正轨道，在这样的循环往复中强化主掌自我的能力。

话虽如此，如果你只是在脑海中空想"我想做这件事"，却迟迟无法付诸行动，只会让时间白白流逝。很多女性都在抱怨自己"难以迈开前行的脚步"。

为什么就迈不开前行的脚步呢？也许在于你太过在意他人的评价和意见了，因为"妈妈这样说了"，因为"我的丈夫是不会同意的"。你是否也在被他人的话语左右呢？当然，我们要尊重那些对我们来说很重要的人给予的宝贵建议，但是完全被他人的想法左右是极其危险的。

因为只有你知道"自己想要过怎样的人生，什么是让自己内心富足的真正幸福"。

请记住，只有我们自己能够做出去实现自我梦想的选择，也只有我们能够为自己的选择负责。

在想要创业的初期，我常常向身边的朋友征求意见。他们总是给我消极的反馈，"可不会像你想象的那么顺利"。于是，我也产生了畏难情绪，认为确实很难，自己做不好。朋友泼的"冷水"迅速浇灭了我想要行动的满腔热情。现在回首那段岁月，我意识到那时自己被他人"劝退"的时候，自己的内心其实是松了一口气的，也许我只是想要一个让自己放弃的理由。进言之，那时的我其实一开始就不相信自己能够做得到，所以只是借由朋友的话给自己打退堂鼓而已。

多年后，当我终于找到了"专注女性亲密关系经营"这份为之奋斗一生的"天选"事业时，内心喊出了最坚定的声音，"我要果断去做！"那一刻仿佛卡扣入位，发出了清脆悦耳的声音。那时的我，不再从他人身上找寻答案。因为如果忠于自己内心做出了最坚定的选择，就不再需要他人的意见。

但是当你真正开始新的挑战时，身边总会有人对你指手画脚。我也曾经听到其他人说过"你这个项目市场太小了"抑或"这些已经有人干过了，你不会成功的"这样消极的话。

不仅在行动开始前，而且在付诸实践后，我依然每天被各种质疑和劝退声埋没，但那时的自己意志坚定。无论他人说出怎样消极的观点，我都信心十足，充满勇气，告诉自己"不要想太多，只要做就好"。不是那些鼓励和肯定的柔声细语，而正是那些质疑和否定的声音，给了我按照自己的节奏，奋勇向前的信念和勇气。

当你认识到周遭的质疑和否定其实是在考验自己行动的决心和信念时，你就会感谢这些质疑与否定。然后，**当你找到了内心的那份坚定，自然就会开始行动**。无论面对怎样的结果，只要你做自己最坚定的守护者和支持者，就一定没问题。富有挑战精神的人生，也许就是一场不断信赖自己的旅途。

另外，对未来充满了思虑和担忧也是迟迟无法付诸实践的原因。特别是，女生天生具有丰富的想象力，面对充满未知数的未来满是担忧和不安，"想去相亲，但感觉相亲软件里都是不正经的人""想创业，可是我害怕失败"，因此就禁锢住了行动的脚步。

问 如果 3 年后的自己能够克服对未来的不安与恐惧，实现自己的心愿，你会对当下正在不安中挣扎的自己说些什么呢？作为克服了对未来的不安与焦虑，战胜了自我的前辈，请你给出一些建议吧。

有趣的是，当我抛出这个问题后，大家在都认真思考如何战胜自己、克服不安。我看着这些咨询者以将来的口吻，给现在的自己写下那些充满真诚的建议，就知道战胜自我、克服不安的答案，其实一直都在她们每个人的内心深处。

你一定能够做到！人生没有跨不过去的坎儿。

在行动中不断修正自己的人生轨道，不断前行。人生就是这样的循环往复，就是一场优化改进自己的旅程。

提升行动力的 4 个步骤

当你开始全身心投入一件事时，看清自己的内心，事情的进展就如乘风而进，一日千里。

①知识·经验的复盘和将"为什么"外化成文字
用笔写下从过往经验中汲取的教训和收获，并将内心深处的想法"为什么"外化成文字。

②进行彻底全面的调查
通过搜索引擎或者社交媒体来寻找身边的榜样，寻找那些和你一样为实现梦想而努力的追梦人。

③想清楚自己为什么想去做，并将其具象化
使内心深处的想法"为什么"与具体行动达成一致。

④将目标倒推并拆解后，制订计划并顺次执行
调查他人的烦恼，并确定能做哪些事。

以上就是付诸实践的 4 个步骤。接下来，我将会进行详细讲解。

①知识·经验的复盘和将"为什么"外化成文字

首先要把自己从过往经历中学到的教训和经验全部写下来，将自己内心真实的想法外化成文字。

例如，我自己在着手准备开创自我品牌的事业时，通过把关于如何打造自我品牌的思考、感悟以及学到的知识、以往的经验都进行了彻底的复盘与梳理，明确了自己所拥有的相关知识体系和讲授的基本方法，构建了自我品牌知识课程的体系和整体框架。

之后，我又写下了自己在面对并非一帆风顺的事业时，选择坚持经营下去的内心想法。

我的父亲，通晓人情事理，正直却有点孤僻，我的母亲风趣幽默，善于交际，我就是在这样的家庭中成长起来的。正如前文提到的，我的母亲曾是一位优秀的保险销售员。但是父亲希望自己作为一家之主，挣钱养家，母亲能够安心做个家庭主妇。"明明我一个人的收入就足够支持全家人的开销，你还上班做什么！"每次父母发生争吵后，母亲都不得不停止工作，我发现无法工作的母亲逐渐失去了昔日的光彩照人。

"为什么女性就不能随心所欲地工作呢？"

"为什么仅凭性别就能决定社会分工呢？"

"明明都是成年人了，为什么我对自己的人生都没有选择权呢？"

那时还是小孩子的我，对家庭和社会中出现的男女不平等满是疑问。

当23岁的我只身来到纽约后，切身感受到了跨越性别差异的藩篱、实现人人平等的可能性，也为这块土地浸润着的独立精神和自由思想，女性可以按照自己的意愿去创造自己的人生而深感震撼，内心充满了喜悦。如果是在纽约，也许我可以大有作为。可以说，纽约这座城市给了我活出自我的勇气。

这里汇聚了来自世界各国的人，他们每个人乐于享受生活，为梦想奔跑。我想正是这些全新的人生态度和生活理念，帮助我解开了幼年时期对男女不平等的疑惑。在异国他乡的这些经验内化成我内心最强烈的渴望，"要让这个社会越来越好""不论已婚还是未婚，自己的人生都只能由自己来创造"。这些强烈的内心想法也成了唤醒我并推动我前进的"为什么"。

我感知到，在时代急剧变化的当下，女性已经广泛参与到社会活动的各个方面。她们勇敢为自己发声，力图扭转性别不平等的局面、推动性别平等以及多样性管理[1]，女性的声音已被越来越多的人听到。这些"她力量"已经成了社会变革和进步的推动力。我深受鼓舞，内心的力量在不断涌动，也唤醒了自己更多的渴望。于是，我想开始新的创业，教授他人如何打造自我品牌。

②进行彻底全面的调查

在结束了步骤①后，接下来就进入调查阶段了。使用搜索引擎，检索关于打造品牌的相关信息，进行详细调查。例如，输入关键词"企业管理者品牌创建""创业者品牌创建""SNS品牌创建"等，去检索那些你能想到的所有关键词。

这个时候，切记不要只用自己的母语，也要用英语进行检索。根据领域的不同，搜索结果也会有所区别，但是一般来说，以美国为首的欧美国家关于品牌创建的研究起步都比较早，相关理论已成体系，内容也较为成熟翔实，更具前沿性。

通过搜索引擎进行全面调查后，这些信息就会刺激你萌发出新的想法。以我为例，通过检索我明确了自己真正

---

[1] 译者注：企业人员的性别、种族、信仰、年龄、文化、专业领域和其他许多个人特征越来越多元化，一种固定模式的管理方式已不合时宜，所以多样性管理应运而生。

感兴趣的领域是"自我品牌推广"。接下来，我就开始在各大社交媒体上检索关于"自我品牌推广"的相关内容。

之所以选择不同类型的社交媒体进行信息检索，是因为这样可以帮助我找到共同的目标受众。当我发现某个人在不同社交媒体上都有很高的人气时，我就会将其列入自己的清单，然后对其进行精准细致的考察，"考古"这位博主以往在社交媒体上的投稿，分析他是如何开始自我品牌经营业务的，又是何以赢得今日在业界的地位，如何获得如此高的知名度，也就是进行所谓的"**同行业竞争对手分析**"。通过这种分析，我可以找到自己与他人的不同，进行差异化营销，从某种程度上还可以迅速找准自己的市场定位。

在面对激烈竞争时，这一环节能够帮助你明确创业的目的并找到自己创业的意义，为客户提供独一无二的价值。

③想清楚自己为什么想去做，并将其具象化

当你通过充分的前期调研，明确了自己的定位，接下来就该思考"自己为什么想要投身这份事业？"这一步骤**是"确认"环节，确认自己想的和做的是否一致。这一步**骤其实极为重要，因为它帮助我们再次审视自己内心所愿和实际行动是否达到了一致。

在行动的初始阶段，把自己真正想做的事和"为什么"联动起来是至关重要的。这将使我们抱有一以贯之的决心和坚定不移的信念。

以我自己的情况为例，在步骤①中，我明确了激起内心波澜、唤醒内心冲动的最深刻想法（＝为什么），就是"对于女性而言，实现经济独立和精神自立，拥有把握幸福的能力是不可或缺的"。所以，当我想到"如果开设自我品牌推广的讲座，就能帮助更多的女性获得独立的自我和真正的幸福"，就会感到无比雀跃，便会马上付诸行动。

但是也许仔细思索后，有时我们也会感觉这件事其实和我内心的真实想法多少有些出入。如果我们已经认真思考到了这一步，依然会有这种感觉，那么就果断告诉自己："还是和我想的不一样！"及时停止。我也曾经历过很多类似的情况。其实，我们时常会涌现出各种各样的想法，但真正能够把"零散想法"转变成"具体行动"，并有所收获的就是凤毛麟角了。

④将目标倒推并拆解后，制订计划并顺次执行

你实现了目标的具象化，接下来就该着手进行初步的准备工作。首先就是要调查来访者通常都抱有怎样的烦恼，进行痛点调查。

例如，如果要开展"品牌推广"讲座，就要调查关于

"品牌推广"都存在哪些痛点,"不知道该用什么样的照片作为个人简介的形象照""穿什么衣服才最得体""在 SNS 上投稿什么内容比较好"。"品牌推广"看似简单,其实人们对它有着各种各样的烦恼。

找准用户的痛点,就能读懂用户的本质需求。这时就能清晰地意识到自身对"品牌推广"的认知偏差。之后便能通过整合来访者的痛点和课题,为客户提供可以纠正认知偏差的知识或方法,最终形成能够有效帮助来访者实现自我成长的课程内容。

接下来,要根据自身想法并基于调查结果,决定最终课程的呈现方式。首先课程的关键词是"品牌推广",明确用户画像和课程理念,进而构建来自用户的品牌一致性认知,打造清晰的品牌定位,并将其诉诸视觉,直观形象地呈现给用户,结合 SNS 营销战略,持续引流推广,获取大量粉丝。

做好"粉丝运营"是品牌推广中不可忽视的一环。想让粉丝支持你、喜欢你,建立良好的粉丝团体,很重要的一点就是要直面自己内心的想法,不断引发与粉丝的情感共鸣。

最后就是做好万全准备,对外公开发布自己的讲座。当然,即使你的讲座已经开始运营,也要记得持续不断地进行更新和优化。

基础打不牢，行动会受挫

完成以上步骤①~④会帮助你看清自己的内心，让自己的愿景变得更加清晰。但是我认为很多人会跳过这个最为关键的阶段，直接行动。

其实，作为向顾客提供服务和商品的一方，最重要的就是内心深处的想法和追问"为什么"。然而当今社会，现实是很多人在创业时"因为这是当下的潮流趋势""因为这个会有人气"就盲目跟风，却没有明晰"这份事业到底能为社会贡献怎样的价值""作为创业者，这份工作、此番事业对社会而言具有怎样的意义，又能带来怎样的影响？"

如果跳过了最重要的打基础阶段，那么事业总会在某个时期遭遇阻力，进而陷入停滞。我看过太多这样的例子了。对于创业者来说，陷入这种局面真的很痛苦。

为了不再走失败的老路，也为后续能用信念驱动事业夯实基础，请你一定要做到以上的 4 个步骤。

♡ 行动始终源自积极的动机 ♡

无论做什么事，最重要的是要有积极的动机。

如果你因不安而被迫采取行动，例如对独自一人面对未来感到不安而选择结婚；因为想离职，所以选择创业，那么大概也不会产生好的结果。因为一般来说，**那些弥补内心缺失感的行为并不能真正带给我们幸福。**

如果只是为了追求经济自由而选择结婚，那么内心其实并不是真的渴望"婚姻"，也不是想要和爱的人相守一生，只是想在经济和生活上获得"婚姻带给你的安全感"罢了。

他人不是救命稻草，我们不要将自己内心的缺失抑或需求，寄托于别人身上，我们要通过自身坚持不懈的努力来成就自我。这样我们就能不依附于他人，依靠自己做到经济独立。想要和对方相守一生才是真正的爱情，虚假的爱、虚幻的梦想与真心的爱、真正的渴望是完全不同的。只有发自内心的爱与渴望，才能滋养生命。真正渴求的应该是真心实意的东西，我们不要再拿"虚情假意"去糊弄自己的人生了。

初衷是出于对他人的爱与感恩

工作也是同理。如果你想迈上创业之路，那么选择创业的理由就变得异常重要。如果你只是因为抱有"想让自己从公司复杂的人际关系中脱身""想赚大钱实现财富自由"这些消极想法，而将创业当成改变现状的救命稻草，其实是很难获得成功的。因为这些初衷都指向了自我满足。

首先，让我们行动起来，靠自己消除阻碍自身成长的负面因素，并在此基础上认真思考，当自己达到内心柔静富足时，真正想做的事是什么吧。

当"想成就的自己"这一自我实现与发自心底"想让社会更加美好"的强烈心愿"为什么"叠加在一起的时候，就会获得强大的内驱力，推动自己奋力前进。当你凡事的初衷不再是为了排解自身的负能量，而是向外无限延伸时，就能以"我能做到！"的强大且稳固的自我信赖为基础，以更高维度的思维方式去认识外界，创造属于自己的全新人生。

有趣的是，很多来访者在按照步骤 3 提到的那样，保持了"中立的立场"，消除了缠绕自身的问题后，逐步构建起了良好的人际关系。他们大都表示："在公司上班很开心也很有趣，我不准备离职创业了。"我们不能被愤怒、不安等负面情绪牵着鼻子走，要认可尊重他人原本的样子，心怀感恩。将人生驱动的方向从内在（自身的负面情绪）转向到外在（对他人的爱与感恩），就能摆脱负面思维。

另外，越是在大型企业工作的人，越认为自己在庞大的团队中无法发挥力量，但是大型企业本就是无数员工凝心聚力一起开拓事业的模式。可以说，每个员工都是庞大团队的一员，每个人都为团队贡献着力量。我们每个人努力奔赴的未来、企业承担的社会责任以及创造的社会价值是不同的。每个人对自我成就的定义决定了自己职业生涯的定位，创业并不是自我实现的唯一出路。

♡ 注重过程，而非结果 ♡

"It's all about the journey, not the outcome."

"过程比结果更重要。"

这句话出自闻名世界的美国田径选手——卡尔·刘易斯。卡尔·刘易斯在历届奥运会中一共获得 10 枚奖牌，其中包括 9 枚金牌，同时还实现了奥运会个人项目的 4 连冠。

在结果至上的时代，大多数人比起过程，更在意结果。工作也是为了追求成果，每个人都为了得到完美的结果而日复一日地不懈努力着。

但是回顾自己以往的人生岁月时，我意识到比起结果，反而是那些"过程"让我获得了无数感悟和成长。从意识到这点的那一刻起，我就不再关心结果，而是全身心投入每一个过程，不断尝试、思考、调整，再接着尝试，循环往复，就如螺旋式上升一样，慢慢地爬升到人生的新高度。

　　当然有时也有挫折和苦恼，但我知道正是这些经验连接成通往未来的桥梁，所有的"过程"里都填满了弥足珍贵的人生宝藏。专注于此刻，一边为未来做好充足准备，一边全力奔赴远方。你珍惜和享受这个"过程"的程度，决定了你这一生将会得到怎样的结果。

　　而且最重要的是，即使当你踩空了人生爬升的台阶，摔落下来，也有一个由过往点滴夯实的地基为你兜底，并以最初数倍的速度带你重返人生的最高处。

　　当你专注过程，而非结果时，就会拥有充实的人生。

　　一切只问耕耘，一切又都是收获。

　　当你焦虑于没有成效时，请一定回想起这句话：不问结果，只用尽全力享受过程。

♡ 无法取舍的话，就要考虑 "鱼与熊掌" 兼得的办法 ♡

让我感到意外的是，很多人在面临取舍时难以抉择。他们时常抱有"我也想按照自己的心意做出选择，可是我不知道按什么标准来"的疑问。我认为这是因为我们一直以来都深信只能"二选一"，从未留给自己"第三条路"上。

比如，面临丈夫调动工作，很多妻子总是习惯性地思考"我是继续留下来工作，还是放弃当下的工作陪丈夫一同前往？"把自己推向了非此即彼的两难选择。

越是在这种时候，我们越要给自己开辟"第三条路"。首先要学会认真思考对于自己来说什么是最重要的，并为此积极行动，用心守护自己所珍视的东西。

如果你更珍视伴侣关系，就随丈夫前往。但你又不想放弃自己的事业，那么就要学会灵活变通，不执着于当下的工作单位和工作模式，进行全面调查，在新的城市以某种你能认可的方式继续自己的工作。当然也有可能丈夫最终选择了跳槽或创业，妻子就可以继续当下的工作。当今社会的工作方式呈现多元化趋势，夫妻双方都不必再迁就对方，不用再靠放弃自己来成全家庭，都可以很好地兼顾彼此的需求。

除此之外，还有诸如"育儿还是事业""辛苦却能提升自己的工作还是轻松但谁都可以做的工作"这样的选择。我们总认为这些都只能"二选一"，殊不知这当中很多其实是可以实现"优势互补"的。首先，我希望你能试着养成**"鱼和熊掌可兼得"的思维方式**。

听我讲座的众多学生中，有不少人就是在纠结无果后最终两者都选了。在企业做翻译的小 H 是一位职场妈妈，兼顾着工作和育儿。但不知何时，向来精力充沛的小 H 脑海里浮现出了新的想法："公司业务没有覆盖到的内容，我可以自己试着做做，不知道创业是否可行？"

小 H 很喜欢现在的这份工作，自然也没有想过要离职。虽然没有贸然创业的勇气，但是想以个人身份工作的念头总是萦绕在小 H 心中。

于是，小 H 找到了我，我当时给她的建议："何不两个同时进行？你可以和公司沟通好工资待遇和出勤方式、时间等，选择远程办公，并且只在上午工作，然后下午做一些创业相关的准备，这样是不是比较好呢？"小 H 最初十分惊讶："还能这样吗，可不可行啊？"但是小 H 和公司沟通后，公司竟然很爽快地就同意了小 H 的提案。听说现在她一边在公司上班，一边着手创业，每天过得很愉快。

如果必须做出取舍

小 H 能做到两者兼顾是很幸运的，很多时候我们不得不做出选择。例如，要不要生孩子？是自己盖房子，还是买公寓？是选择和 A 还是和 B 交往？这些情况基本上我们只能"二选一"。

当然，做选择的大前提是我们必须要叩问内心，到底哪一个才是自己最渴望的选项。即使这样，我们也时常难以抉择。这时做一个列表，把各个选项的优缺点写出来进行对比会比较好。通过对比不同选项的优缺点，我们会意外地发现自己究竟对哪个选项心动，哪个选项会让自己不后悔，自然内心也就能从容地做出选择。

但是有时"遵从内心的选择"和"让自己不后悔的选择"也会出现不一致的情况。

曾经有一位女性找我咨询，她说："我和丈夫结婚很多年了，一直也没有怀孕。说实话，现在我和丈夫也不急于要孩子，两人世界过得很惬意。但是转念一想，如果将来再想要孩子，那时自己已经过了育龄期，高龄产妇生育有风险，到时候也不敢生。所以，虽然现在我和丈夫并没有急切要孩子的念头，但为了我们老了不后悔，是不是接受不孕治疗比较好呢？"

这位女士的身上就出现了"遵从内心的选择"和"让自己不后悔的选择"不一致的情况，让她内心纠结不已。其实，这是因为她把"**当下**"和"**未来**"做了比较，才会让自己难以抉择。

于是，我问道："为什么你觉得现在坚持不孕治疗，老了就一定不会后悔呢？""你这么一说，确实……"这位女士一时语塞。现在违背自己的内心，坚持不孕治疗的话，今后有极大的可能会后悔"为什么要把自己逼到这个地步？"于是我告诉她，如果内心认为现在的自己没有孩子也没关系，那么比起"将来"，你要优先遵从"当下"的心声。

另外，即便依旧难以抉择，我们也完全可以"**不去选择**"。如果当下没有让你心动的选项，那么我们没有必要逼着自己去做选择。拿前面的例子来说，就是"能不能怀孕就随缘了""不盖房子也不买公寓了，先租房子住""不与 A 也不与 B 交往，我要等来自己的真命天子"。

我们只有在每一个当下，真诚地面对内心去做选择，才不会让自己后悔。面临选择最重要的是走"心"，不走"脑"。不要将选择权轻易交给他人，也不要被他人左右，时刻谨记"做选择的人是我"。

♡ 既然选了，就不要后悔 ♡

另外，非常重要的一点是，既然做了选择，就不要后悔。如果这个选择是你遵从内心，认真思考后得出的结论，就不要再回头了。没有比后悔无法改变的过去更无意义的事了。

"为了丈夫和孩子，我放弃了自己的职业生涯，甘心做一名家庭主妇""为了让父母安心，放弃了自己的梦想""我为这个家、为所有人着想，可是到头来换来了什么？"多数女性常常对周遭充满抱怨，但无论你当时是出于什么苦衷来委屈自己成全他人，这些都是你自己曾做出的选择。

正因如此，我才不希望你为自己的选择后悔。因为无论做了怎样的抉择，对当时的你来说，都已经是最好的选择了。

请你不要后悔，聚焦当下和余生你最渴望的活法，不断向前吧。人生的每一次经历，都会在未来的某个时刻悉数回馈。终究有一天你会意识到，你所做的每一个选择，都是在最佳时机做出的最佳选择。

行动后遭遇失败

人们常说"要对自己的人生负责"，听起来似乎责任重大。因为这样的话，如果自己的人生出现波折，也无法怪罪于他人了，所以把选择权交给他人看起来确实很轻松。

很多女性总是惧怕失败，害怕犯错，但是此处提到的"失败"并不是真正意义上的"失败"。关于这一点后续会做详细阐述。首先，你要认识到人生犹如一棵树，人的成长就如从一棵小树苗长成参天大树，自我就如树干。如果我们能沿着名为"自我"的树干前行，人生便会一帆风顺。如果我们一直都遵从内心去选择，即便遭遇失败，也不会沮丧绝望，心里感觉到的是满足，是幸福。

但是，如果我们偏离树干，沿着旁枝末节前进，就会产生不协调的感觉，也会遭遇挫折。如果这种偏离树干的状态持续下去，人生将会遭遇巨大的困难，最终产生挫败感。有人会认为，"既然这样，一开始就不要沿着旁枝末节前行，不就可以了嘛"。其实，那些挫败会帮助你矫正前行的轨道，推动你重回主干，你将在这一过程中找回自我，获得新的成长动力。

人生走的弯路是成长的宝库。那些走过的弯路，拓展了视野，也历练了心智。

成长

树干＝自我

旁枝＝弯路
● 拓宽视野
● 历练心智

成为人生的财富

　　比起干瘪萧疏的树，枝繁叶茂的树不惧风雨长得高大，更能沐浴到阳光。人生之树的"旁枝末节"其实是我们人生最宝贵的财富。

♡ 让失败以 "学习" 而终 ♡

对于惧怕失败的人来说，他们的人生似乎很少经历修正轨道的过程，所以他们害怕自己一旦失败，就会变得一蹶不振。

但事实上，在失败中不断进行轨道修正，我们就会变得不再惧怕失败。反过来说，**如果不经历失败，内心就永远无法克服对失败的恐惧。**

我也是直到今天，才摆脱了对失败的恐惧。从前的我，特别是来美国之前，总认为 "失败是很恐怖的，绝不可以失败"。但是来到美国生活后，我认识到 "唯有失败才是人生的礼物"，对失败的态度也发生了巨大的转变。

在美国创业的初期和各行各业的人进行大量交流的过程中，我发现无论取得多大的成就，美国人总能用积极的心态讲述自己曾经的失败经历。他们从不止步于自嘲失败，而是一定会继续向你描述自己是 "如何从失败迈向成功"的。他们并没有仅仅停留于失败本身，而是让每一次失败都成为下一次成功的领路人。

比如，在洛杉矶有一位常常关照我的N先生。他在美国是一位小有名气的造型师，给不少好莱坞的演员做过造型。最初，他在某家沙龙做首席造型师，我也是从那时开始让他给我做造型的。后来因为技术出众，N先生走上了创业这条路，有了属于自己的美发店。

N先生的美发店大受欢迎，比之前在其他造型沙龙店时的客人还多。随后，N先生又进军头发养护领域，推出了自有品牌的护发产品，获得了空前成功。他趁着势头高歌猛进，又立即开设了第二家店铺。不过，这次N先生进行了差异化营销，第二家店铺走的是高端路线，整体风格既优雅又有格调。

但是意外的是，第二家店铺的生意却很惨淡。起初，N先生认为是第二家店铺把第一家的顾客分走了一部分，但第二家店铺的客流量也一直没有明显的增加。后来，N先生又仔细分析一番，告诉我第二家店铺业绩惨淡，其实是因为与客户建立的情感联系太少。

虽然第二家店铺损失了不少钱，但是这段失败经历也使N先生比经营第一家店铺时更加重视与客户的感情交流，也让N先生重新意识到了自身的独特优势。

正如N先生的经历一般，失败并没有仅仅以失败而终，而是为下次的成功做好了铺垫。现在 N 先生的美发沙龙，无论哪个门店都客流不断，直至今日依然有很多名流慕名前来。

在美国，大家形成了一种共识，即"从挫折中学习，失败是难得的人生经验，也是馈赠的礼物"。大家都说："没有失败就不会成功，总之你一定要不断积累失败的经验。"最初我难以置信，后来我也渐渐地认同了这一观点，"失败并不是什么可耻的事"。那些经历多次失败后取得成功的事例，也让我受益匪浅。

失败不是"必须避免"的事，它只是一种收获，只是一种成长的契机。让我们把失败当作精神食粮，一步一步向前走吧！

日式盖浇饭店铺的"开业失败"经历，得到高度评价

你可能会惊讶，我自己也经历了无数次的大小失败。初到纽约时，我经历的第一个大的失败，就是轻易地选择了创业项目，盲目地投入了巨额资金，最终血本无归。

当时，我并没有明确的创业目标，花费了几年也一直没有找到让自己眼前一亮的创业项目。就在那时，美国社会掀起了一阵日本料理风。于是，我就想自己要不要也开

一家时尚又好吃的日式盖浇饭的店铺[①]呢？当时也没深思熟虑，我就快马加鞭地做了起来。

自知没有敏锐的商业嗅觉，在创业初期，凡事我都会和身边值得信赖的朋友商量，也完全听从了他们的意见，做了所有的创业决策。比如，找朋友商量开店选址时，对方给出的也仅仅只是"那个地方吗？我不喜欢"这样肤浅的意见。即使如此，因为自己什么都不懂，最终都全盘采纳了。后来，店面的主体工程完工，室内装修也基本结束，终于要迎来开业的日子。

然而，随着开业时间的日益临近，我越来越感到不安："这样真的能成功吗？""这真的是我想做的吗？"在等待开业的那些天，这些不安和疑虑一直萦绕在心头。终于在开业前的某一天，我意识到了自己对这件事情已经失去了热情和期待。虽然这些感受难以言表，但我确信"自己不该一直这样下去"。

就这样未始即终的话，会辜负为了开业而默默付出的人，也会让自己血本无归，更会因为自己的半途而废而给人生烙刻上"失败"的印记。但是我无法忍耐那份不安和疑虑，最终还是选择了"放手"。

---

① 译者注：どんぶり也被译为"大碗丼"，是日本料理对于盖浇饭的通称，通常是在较大尺寸的碗里盛上米饭，再盛装包括鱼肉、肉类、蔬菜或者其他慢煮料理。在日本，它是一种相当普及的大众料理。

为了尽可能减少损失，我将店面按原样整体转让了出去，店铺也没有再迎来开业的那一天。

就在无疾而终的 3 年后，我在纽约投资了房产，购入了投资性公寓。为此，我走访参观了 50 多套房子，最终相中了位于纽约中央公园旁的合作公寓（Cooperative Apartment, co-op）[①]。这套公寓所处的地段很有投资前景，属于合作公寓，是一种特殊的产权形式。住户委员董事会和各大业主（股东）构成了整栋楼的非营利法人，购入公寓的业主是没有所有权的，只是根据房屋大小购入相应的股份，获得居住权。

对我来说，购买时最难的就是来自住户委员董事会的严格审查[②]。特别是位于纽约中央公园附近这样好地段的公寓，住户委员董事会的审查异常严格。购买者除了提交自己的工作经历、推荐信、资产余额等众多资料，还要接受全体业主的"面试"。业主们再以投票的方式决定购买者是否可以购买。听说，我中意的那间公寓，之前就曾有 3 位购房者在审核阶段被淘汰。

---

① 译者注：合作公寓是一种共同管理的公寓。管理该公寓的公司拥有住宅的所有权，住户仅持有该住宅的股份，并没有该住宅的所有权。

② 译者注：新住户必须要征得住户委员董事会的准许（通常采用投票的方式），才可以入住。即使有钱买得起，住户委员董事会也不一定会同意让其购买和入住。

终于，我也迎来了审查最后阶段的那场面试，迈入了有十几位评审员的面试会场。当时，有人问道："在你的人生中，经历过失败吗？如果有，又是怎样的失败呢？要是今后你在生意场上失败了会怎么办？"面对自己完全没有准备过的问题，我一边克服面试时的紧张和不安，一边和面试官讲述了自己过往的失败经历，以及如若现在的事业遭遇失败会怎么办。

我和面试官们分享了自己的故事。我说道，人生的第一份创业是经营餐厅，但是因为无法说服自己，最终在开业前一刻选择放手，把店面整体打包转让出去，就这样回到原点。虽说到目前为止，现在的事业一帆风顺，但我也做好了依旧会"一事无成"的心理准备。当然，现在的自己也有了新的商业想法。如果能东山再起，再次创业，我一定会注重消减投资成本，去积极开拓新的领域。

3 天后，我得到了面试合格的通知。我询问了合格的原因，对方说："因为我们在你的身上看到了即使遭遇困境也能逆境而上的力量。人不可能一辈子顺风顺水，失败是人生的常态。所以最重要的是，当自己身陷囹圄时，如何东山再起。这是对人性的考验。"

对方的一席话让我第一次意识到原来自己经历的所有失败和挫折都是人生的财富。那一瞬间，我对失败的看法也发生了巨大的转变。

　　失败是礼物，是通往成功的阶梯。失败教给我的道理，从失败中获得的宝贵经验，也许是成功能给予的数倍，失败比成功更能让我们成长。

♡ 随高逐低与船到桥头自然直的心态 ♡

曾经有人问我："当挑战一个全新的未知领域，或是人生站在变化的风口时，你是否会害怕呢？"我毫不犹豫地回复道："我无所畏惧。"说真的，迎接新挑战会让自己无比兴奋。

因为我一直都抱有随高逐低、船到桥头自然直的从容心态，我曾无数次深陷绝境，但每次都挣扎着找到了出路。所以，亲身经历告诉我"人生没有跨越不了的坎"。

在过往的众多来访者中，有一位来访者总是焦虑："孤独终老，可怎么办？""身无分文，如何生活？"总是在担心未来还没发生的事，而且总把未来想得很糟糕。我实在是为这样的人感到可惜！

如果担心"没有钱可怎么办"，那就请具体思考一下到底是怎样的消费习惯能让自己的存款见底。通过将模糊的不安可视化，就能制定具有可执行性的有效预案。着眼当下，做好计划，才能规避潜在风险。

而且即使遭遇人生困境，只要我们认真想办法，就一定可以解决。相反，在我看来，问题正是因为我们能够克服才会产生。

随高逐低与船到桥头自然直的从容心态，就是自我信赖本身。 从心底信赖自己就能无所畏惧，无论怎样跌倒，都不足为惧。请你一定要以最大的勇气来武装自己！

步骤 5

打造自我品牌，
呈现自我

❤️ 当下打造自我品牌的重要性 ❤️

在本章之前，我们重新审视了人生的活法，讲述了如何按照自我意志行动。在真正"确立自我"后，接下来就到了"呈现自我"的阶段。

当今时代瞬息万变，打造自我品牌变得极为重要。公司员工、专业行家、个体户、创业者、企业家……无论怎样的社会角色，身处互联网时代，个人社交媒体才是你真正的名片。在这里大到家族成员构成、居住地，小到个人兴趣爱好、生活方式，都作为你的个人形象被他人知晓。反过来，如果你能用好社交媒体，也能开拓全新的人生道路。现在，这已经不是什么稀奇的事了。

利用 SNS 找到了工作

小 M 将来想去海外工作，于是我建议她好好运营自己的 SNS。当下，越来越多的公司开始通过社交媒体搜集求职者的信息，对求职者的人物画像进行分析。所以，对于个人来说，如何利用社交媒体，以及传递怎样的信息就变得尤为重要。顺便提一下，外国人在申请美国等国签证时，会被要求提供个人持有的所有社交媒体账户信息。

　　小 M 先是重复本书步骤 1 中提到的步骤，不断深入了解最真实的自己，同时也不断挖掘步骤 2、步骤 3 中讲到的"自我价值和附加价值"，把自己的核心魅力与过往的宝贵经验以浅显易懂的方式，认真编辑并发布到了社交媒体平台上。

　　在认真运营自己的社交媒体半年后，因为不解之缘，小 M 应聘了一家海外公司。在 Zoom①上进行录用面试时，面试官说道："我打开了你的主页，认真阅读了上面所有的投稿。我很期待你能作为我们项目组的成员，以积极向上的态度投身工作，并发挥自己的经验优势，在公司大展宏图。"小 M 欣喜地和我说道："这次面试根本无须多言，完全没想到这半年以来日复一日地投稿竟然成了证明自己的最佳方式。"

　　接下来，让我们进一步思考如何才能运营好自己的社交媒体，以达到自我呈现效果的最大化。

　　打造自我品牌包含几个极为重要的阶段，大体上分为以下两个阶段。

---

① 译者注：Zoom 是一款视频会议软件，为用户提供兼备高清视频会议与移动网络会议功能的免费云视频通话服务。

> 第一阶段：对自我形象（自我认知、自我概念）
> 的调适与改变。
> 第二阶段：品牌推广（自我呈现）。

打造自我品牌的核心是夯实基础。为此，我们需要加深对自己的认知，并进行适度的调适与必要的改变。通过对自我概念的调整，可以提升自我价值，挖掘自我存在的价值和意义。打造自我品牌，就必须先把基础打牢，切不可跳过这个关键步骤。

第一阶段　对自我形象的调适与改变

为了更清晰地精准表达"自我形象"这一概念，此处用"self-image"来表述。"self-image"指的是一个人对自己的印象，即认为"自己是这样的人"。这种印象的形成来自一个人长期的自我观察，抑或父母、兄弟姐妹、朋友、老师这些与自己密切相关的人，对待自己的言行举止、态度和对自己的评价。根据周遭给予的是正面评价居多还是负面评价居多，自我形象也会有很大的不同。

我们总会经历大大小小各种各样的事情，有时体会的是刻骨铭心的痛。比起那些令你开心的经历，富有冲击性和令人悲伤的经历会更长久地留存在内心深处。很多时候，这些经历会塑造出今后的自己。

小 K 对自己的女性身份从未抱有过认同感。这究竟是为什么呢？我听她细细道来，才知道原来小 K 出生于名门望族，家族里的人都期盼着小 K 的母亲能生个男孩来继承家业。父亲曾说过："原本想要个男孩子的。"而母亲则始终背负着"没能生下男孩"的罪恶感，在夫家总也抬不起头来。

小 K 从小就认为，自己的"女儿身"给父母带来了痛苦。小 K 告诉我："我本就不应该是个女孩子。这副'女儿身'没有获得幸福的资格。是的，一直以来，我都压抑着自己。"

于是，我和小 K 说道："也许一直以来，你都因为父亲的那句'原本想要个男孩子的'禁锢了自我。"人的思想一旦被某些东西禁锢，就会觉得身边所有的事都与此相关。

一个家族对男丁兴旺的追求都是表层的。只有来自父母最无私真挚的爱，才能给予我们跨越这些隔阂的力量，并教会我们人生中真正重要的是什么。我告诉小 K，"看到你，我可以想象到你的父母对你的爱是多么的深沉"。我又试着向小 K 提议，你可以找到一个合适的时机，和父母深入沟通一次。

和小 K 交谈后还不到一个月，听说小 K 就和父母认真沟通了一次。父亲告诉小 K，在小 K 还未出生前，确实希望有个大胖小子，但当看到呱呱落地的是个可爱的小女孩儿时，内心却暗自松了一口气，"身为女儿的小 K 终于不需要和自己一样，背负继承祖业的宿命了"，看到小 K 的瞬间，内心默默地觉得"是个女孩子太好了"。说起母亲，小 K 满脸笑容地告诉我："没能生下男孩，母亲确实对夫家心生愧疚，但是母亲也为生下女孩感到由衷的高兴。"

听了父母的话，小 K 至今为止的挣扎和痛苦就如从未有过一般消失了。原来，小 K 一直活在自己主观臆想的世界里，"我本不应该是个女儿身""自己不会获得幸福"。这让小 K 一直以来都无法接纳真实的自己。当然，那个时候的小 K 长期处在低水平的自我评价之中，是一个自我认知度很低的人，给自己的人生设置了太多的限制。

如今的小 K 终于认识到了自身存在的意义和价值，提升了自我认知。现在她很享受女性这个身份，并积极地追求着幸福。

只要我们能够把提升自我形象和自我认知的基础夯实，就能不断拓宽视野，意识到自己拥有的、独特且多样的魅力，并把自我存在的价值和意义进一步具象化。

第二阶段　通过自我品牌推广呈现自我

树立了自我形象，接下来就是以此为基础，充分呈现自我和表达自我。当你认真执行了下面的 7 个步骤后，就能把自己多面的魅力和丰富的经验视觉化，让自己变得与众不同。这就是"打造自我品牌"。

> 【打造自我品牌的 7 个步骤】
>
> ①将"你因何而存在（自我价值、自我存在的意义、存在的理由）"用文字表达出来。
>
> ②以更加吸睛的方式呈现自我风格和自己的世界观（活法、生活方式、时尚）。
>
> ③将自己内心深处的想法用文字表达出来（期待给他人和社会带来怎样的积极影响）。
>
> ④在明确自己内心想法"为什么（WHY）"的基础上，探寻社会中隐藏的需求。
>
> ⑤在①的基础上结合自我价值及附加价值，思考自己能作出怎样的贡献。
>
> ⑥不要单向地输出自己的信息，要学会获得用户的理解、共鸣、信赖，"设计"令人心动的内容。
>
> ⑦将未来的蓝图可视化。

刚才提到的小 K，她原本的工作是产业心理咨询师[①]。那个时候，小 K 的职业装是清一色的黑色长裤套装，即使是下班后的休闲时间，穿的也都是设计简单的基础款。但是后来，小 K 认识到自己其实可以散发女性之美，也可以追求属于自己的幸福。于是，她重新确立了自我认知和塑造了自我形象（第①步），开始穿着一直渴望尝试的明亮色系的、极富设计感的西服套装和连衣裙（第②步）。而且，小 K 还取得了色彩搭配师[②]的资质，决定独自创业。小 K 说："每个人适合的颜色都不一样，她想向更多的人传达色彩搭配的魅力（第③步）。"

然而，小 K 不知道作为一位色彩搭配师该如何营销自己，事业一直难以起步。我向小 K 详细了解情况后，发现她面临的根本难题是对自己抱有很低的自我价值感和自我认知度，总是认为自己一无所有，因此必须不断学习技能、吸收知识和提升自己才行。

但实际上，作为豪门望族的千金，小 K 在过往的人生中已经积累了大量的经验和知识。她并不是"一无所有"，

---

① 译者注：在日本，产业心理咨询师属于知名度第二高的心理咨询从业资格。日本从 1992 年开始实行产业心理咨询师的资格认证。产业心理咨询师主要以个人服务为主，提供的咨询服务也主要以职场心理关怀和职业开发等为主。

② 译者注：色彩搭配师，也可称为个人色彩师，主要从色彩组合和时装设计层面为客户提供服务。

而是"无所不有"，只需要将其输出即可。当小 K 意识到这一点时，她的职业道路也变成了"阳关大道"。

正如小 K 前面所讲到的，因为自己从小被"生而为女，即是错误"这一观念所束缚，经历了不少痛苦。所以，小 K 内心深处有一种强烈的渴望，她知道虽然带给女性不幸的缘由各有不同，但是她想要帮助那些与自己一样无法认同自己的女性身份、始终无法感到快乐的女性（第④步）。

而且，从前那份看似和色彩搭配师完全不搭边的产业心理咨询师的经历，也练就了小 K 善于倾听的能力，让小 K 能精准地使用色彩搭配帮助顾客解决问题（第⑤步）。如今，小 K 越来越清楚自己能作出怎样的贡献。

那一刻，小 K 眼里满是阳光，也如打通了任督二脉，之后心中的想法也以飞快的速度变成了现实。同时，在社交媒体上推广的内容也摆脱了自我中心意识，学会了以用户视角对他人的烦恼感同身受（第⑥步），社交账号也涨粉不断。

最后需要完成的就是将自我品牌视觉化，即打造视觉符号。结合当下的最新潮流，深度挖掘并释放个人魅力，让自我品牌更能打动人心。例如，彻底改变自己的发型，放眼于 3 年后，从海外品牌中选择自己的服饰。最初，你也许会犹豫："这种真的适合自己吗？"但你会发现，在不断的尝试与模仿中终究会找到属于自己的风格。当你真正能绽放出自我风格时，一转眼 3 年后的未来便已到来（第⑦步）。

小 K 打造好了自我品牌的视觉符号，也基于自己的想法设计了一系列的色彩搭配方案，好评如潮，涨粉迅速。很多顾客提前好几个月，就开始排队等待其他顾客取消预约后空出的名额。

♡ 长期维护自我品牌的核心是
"构建信赖关系" ♡

提升自我品牌不可或缺的是"构建信赖关系"。即使你已经夯实了基础，即使自我品牌推广得很成功，如果无法与他人构建值得信赖的互动关系，既无法长久保持幸福感，也难以支撑事业持续发展。

这里，我将信赖关系的构建分为以下 4 个关键要素。

①自我接纳

构筑与他人信赖关系的基础是"自我接纳"。这里所说的"自我接纳"是指一种能欣然接受现实自我的态度。如果能够做到这一点，你就能对自己的行为负责，时刻抱有谦虚之心，懂得灵活变通，拥有克服困难的勇气，既能相信自己"无论遇到什么难题，都能泰然处之"，也能信赖他人。

双向的信任基础形成了信任的良性循环。拥有明确而坚定的态度，做人做事言行一致，就能够与那些重要的人建立起信任的良性循环。

②做到尊重（respect）

在欧美各国，无论是在日常生活中，还是在职场上，常常会听到一个词："respect（尊重）"。我很喜欢"respect"所表达的美好含义，因此也将这个词融入了自己的日常交流。

特别是在纽约生活的那段时间，我对人对事的基本观点是"存在不同意见、价值观是理所当然的，多元化社会应该包容和接纳多样的价值观"。在美国生活的经历让我真切地感受到，文化和习惯是因人而异的，尊重他人的不同，就能理解、尊重和包容与自己相异的价值观，不断拓宽自己的认知边界。这些道理不仅适用于海外，也同样适用于日本。

即使拥有一样的父母、成长于同一环境的两个孩子，他们的价值观也不尽相同，更不必说生活环境不同的两个人，他们的思维方式自然也会有所不同。因此，我们要学会在理解和尊重他人的前提下，做到知人而不评人，始终保持价值中立的姿态。这样才会加深对他人的理解，也能学会接纳他人不同的观念（此处所说的接纳他人不同的观念，并不是"因他人而改变自己"，也不是"被他人的看法所影响和左右"，而是"接纳真实的对方"）。我们经历了种种过往，才造就了今日的自己。每个人的人生经历千差万别，而那些差异并没有好坏之分。每个人全部的人生经历都是必然且必要的。但是"如何看待自己的过往经历，又在今日赋予人生经历怎样的意义"决定了当下你和他人会拉开多大的差距。如果我们能尊重他人不同的人生体验和多元的观念，就能以更大的格局、更高的视野看待事物，也就更容易和自己、他人构建稳固的信赖关系。

③知人而不评人、保持中立

在与他人构建信赖关系时，将自身的情绪与事实分离，客观俯瞰现实的思维方式也极为重要。例如，当你陷入人际关系的烦恼和问题时，就需要进行课题分离，学会问自己"这是属于自己的课题，还是属于他人的课题"。因为我们能够改变的唯有自己，我们无法改变也无法控制任何人。这是一切的前提。

看透烦恼和问题的本质，如果是自己的课题，那么就需要我们自身努力解决；如果问题的根本在于对方，是他人的课题，那么我们就不应该妄加干涉，只需温柔守护，相信对方能够对自己负责，通过自己的努力去解决问题。这就是"知人而不评人、保持中立"。给予对方多于他本人的绝对信赖，就能与他人构筑起稳固的互信关系。

④相信对方的无限可能

相信对方的无限可能，就能为对方着想，在最佳时机，用最真诚的语言，不计得失地直表心意。虽然真诚的语言会令人感到不快，有时还带着些许严厉，但最重要的是相信对方，以坚定的语气告诉对方"如果是你，一定能够做得到"，让对方感觉到你发自内心的信赖。当你给予对方甚至比本人还要多的信任时，当你能够不计得失助力对方成长时，这份互信的良性循环就会悄然开始。

人有时会对自己的幸福与未来失去信心。例如，当深陷烦恼的螺旋时，小 J 总是遭遇负面情绪的连环轰炸，眼里只有困难。而正是在这个时候，小 J 意识到了身边给予过她温暖鼓励的人，他们总是会说："你一定没问题！"他们比谁都要支持小 J，比小 J 自己还要相信她的未来。于是，小 J 也鼓起了莫大的勇气去选择"试着相信自己"，也越来越信任对方，也想和对方建立长久的互信关系。这正是通过相信他人的可能性架设起互信桥梁的美好瞬间。

无论对方身处何种境地，我们要做的就是给予对方"信赖"。我们要相信他人心中自有解决问题的答案。在相处中，我们要始终对他人抱有这份信任感，学会帮助他人引出那份深埋心底的"答案"（帮助对方将内心的想法文字化），让对方能够轻装上阵，迈向美好的未来。

在帮助他人的时候，切记不要最初就一股脑地倾倒给对方大量信息，而是要有足够的耐心，一点一滴地传达给对方。这种传达不是单向的灌输和生硬的指示，而是帮助对方让他自己去领悟、去行动。为此，作为传达的一方就要格外地讲究方法，顾及对方的感受。对于信任方与被信任方来说，这种基于互信的人际交往模式都能让双方的自我得到成长。

商业活动中社交媒体的活用方法

这一章我想和大家聊一聊在商业活动中如何打造自我品牌。在利用社交媒体进行自我品牌推广时，以下3点尤为重要。

①明确内心的真实渴望以及背后的动因（why）。

②注重自我贡献（将市场需求与自我价值、附加价值相结合）。

③建立自己的粉丝圈（通过与粉丝的互动增进理解、加强共鸣、构建信赖关系）。

在活用社交媒体打造自我品牌时，最重要的就是围绕上述的3个步骤，保证社交媒体上所传达出来的内容与自我品牌相一致。

在《从"为什么"开始：伟大的领袖如何激励行动》

（WHY から始めよ！インスパイア型リーダーはここが**違**う）一书中，作者西蒙·O. 斯涅克[①]指出，能够持续提供令人狂热的商品与服务的人，追求的并不是"赚钱"，而是基于自身怀有的信念或热情等原动力（即 why）设计产品和提供服务。在这个过程中，越来越多的消费者会被产品或服务中所包含的信念或宗旨所吸引。

　　大多数情况下，人们行动的思维顺序仅仅是"要做什么事"（what）→"该如何做好这件事"（how），几乎很少有人去想"为何做这件事"（why），就开始付诸行动。因此，即使在社交媒体上，人们传播的也都是"要做什么事"（what）→"该如何做好这件事"（how）这样的内容。在社交媒体上推广自我品牌真正重要的是，向大众传播自己怀有的信念或热情等原动力，传递自己能有所贡献、能提供价值这一信息。

　　为此，我们必须首先解决自己是谁，内心深处的渴望是什么，即自己为什么做（why），又该如何结合自我价值和附加价值等这些根本课题。这样我们就能明确在社交媒体上推广自我品牌时，最需要传达的信息。

[①]　译者注：西蒙·O. 斯涅克（Simon O.Sinek）生于 1973 年 10 月 9 日，作家，因发现黄金圈法则而知名。

拓展事业所需信息的搜集方法

随着事业版图的扩大，比起达成短期目标，不断在事业中提升自我价值，才是最重要的。**因为你的事业并不是短跑，而是一场马拉松。** 即使获得短期业绩，如果无法和自己的内心想法产生连接，你的客户也会离你而去。那些短期目标的达成并不能保证长久的成功。

想要获得长期的成长与业务的持续扩张，从可以借鉴的人那里搜集信息就变得尤为重要。平时，我总爱钻研那些"先人一步"的人，常常会关注海外媒体平台的大热人物，逛逛他们的社交账号和个人主页，从中获取有助于个人事业发展和自我品牌推广的信息。

在信息爆炸的时代，他人提供的信息是否对自己有参考价值，主要看那个人的"活法"。虽然有时我也会因他人的外在而心动，但当我发现自己并不认同那些人的品性或活法时，我也会将其从研究对象列表中除名。对我来说，因为拥有一套鉴别和筛选信息的标准，所以能在海量信息中找到对自己有价值的部分，这也练就了我一眼看穿事物本质的能力。

在信息搜集告一段落后，我会将这些信息和自己的人生相匹配，结合自我认知和内心所想，思考如何能使社交媒体上的自我呈现更有魅力。

以恋爱咨询师小O为例，小O一直在社交媒体上发布自己多姿多彩的日常生活和咨询服务的业务内容，但是客户量并不像最初想的那般节节攀升。因此，小O决定重新打造自我品牌，在长期从事恋爱情感咨询的同业者中选择了几位自己眼中的佼佼者，制作了一份研究列表。在这份研究列表中，她详细记录了自己可以借鉴的部分，从他们的咨询业务内容，到社交媒体上的投稿，再到个人视觉氛围的营造、社交平台营销手法等，都研究了个遍。

接下来，小O进一步列出了自己与这几位佼佼者之间存在的差距，终于清晰地意识到了自己存在的诸多问题。例如，没有传达出自己的心声，没有呈现对用户情感学习有价值的内容，没有呈现出用户的正反馈以及情感咨询带给用户的变化，投稿的照片风格没有一贯性，等等。小O回顾以往的投稿，发现在建立粉丝圈时，完全忽略了一个最重要的环节，那就是"与客户产生共鸣→提高客户黏性→获得客户信赖→得到客户支持"。

最后，小O根据自身存在的这些不足，优化了社交媒体上的自我呈现方式。例如，今后我要毫不吝惜地投稿对用户有益的信息，图文要保持高度一致性并富有独特性等。小O将发现的可以用来参考的每一处，都积极地活用到自己的社交媒体上。

就像小 O 这样，每天持续收集各类信息，不断优化自我呈现方式，就能实现个人事业的扩大与长期可持续发展。

步骤 6

不断修正人生轨道，提升自我价值

♡ 在行动之时，叩问初心 ♡

当你尝试着按照本书的步骤 4 去付诸实践（对于有需求的读者来说，也可以参照步骤 5 去尝试"自我品牌的营销实践"）后，也许你会欣喜："达成内心所愿啦！"也许你会沮丧："怎么跟我想的不一样呢？难不成自己失败了？"但不论哪种结果，都会给你的内心带来触动。

如果付诸行动即能达成所愿，那就请你乘势而上吧。

而本章讲述的是，如果你付诸行动后感觉到了不安与挫败，又该如何应对。

当你感到莫名的烦闷与不安，或者事情进展不顺时，要清醒地认识到这些都是"我们需要直面自己内心"的信号。因为这些情绪与状态都是在告诉我们：自己已经偏离了初心，到了需要修正轨道的时刻了。在这关键的时刻最重要的是，学会给自己按下暂停键，直面自己的内心和自我对话。

人生轨道的修正方式是多种多样的，可能是一次跳槽，也可能是寻觅新的人生伴侣，还可能是离开故土，去海外留学。

　　每个人都在不断挑战、不断试错中，最终走向成熟。在这个不断反复循环的过程中，我们终究会和真正的自己相遇。我自己的一生也是如此，似乎也是一场为了和真实自己相遇的旅行。无论恋爱、婚姻、工作或是育儿，如果你不去做，就永远不会有所了解。所以，我们首先要迈出第一步，然后在行进的过程中修正轨道。在这样不断的反复中，我们终究会抵达梦想的彼岸。

　　不要惧怕改变，因为那是难能可贵的成长机遇。当你实现了人生的轨道修正，就能看到下一个人生路口。换言之，**轨道修正是提升人生高度的绝佳机遇。**

　　不断修正人生轨道，能让我们从失败中得到宝贵的人生经验，让失败成为人生前进的动力。因为如果失败并没有以"失败"而终，也就不会导致真正意义上的失败。

　　我的一生就是在一次次的轨道修正中不断前行。在这个过程中，我尤为注重以下两点。

- **摒弃完美主义；**
- **不念过往。**

　　接下来，逐个进行具体分析。

修正人生轨道的要点①：摒弃完美主义

完美主义听上去很美好，但它却是你痛苦的根源。

每个人的一天都被平等地赋予了 24 小时。在有限的时间里既要兼顾家务、育儿、工作和学习，还要把所有事情都做到完美，即使对于一个精力无比充沛的人来说，这也是异常辛苦的。被"完美"裹挟，真的会让自己幸福吗？对此，我们真的很有必要重新审视一番。

当你总是凡事力求完美，眼前的事情让自己忙得不可开交的同时，还要被那些"应该做的事情"所累。于是，你将永远无法去做那些本打算在空闲时间去尝试的事，这完全就是本末倒置。为了自己的幸福，请你摒弃完美主义吧。

首先，请你回想一下"自己是什么时候成为完美主义者的"。从以往与来访者的交谈中，我发现大部分人是被父母逼着走上了"完美主义"的绝路。几乎没有人会主动选择

"成为完美主义者"，很多人是受到了父母的影响，因为父母就是完美主义者。在这样的原生家庭中成长起来的孩子，理所当然地认为做任何事都要做到无可挑剔，自然也就成了完美主义者。于是，这些孩子长大成家后，依旧背负着"完美主义"的沉重包袱。她们总是认为，"无论家务、育儿还是工作，都必须做到极致完美"，结果却只换得身心疲惫。

摒弃完美主义，**很重要的一点就是学会质疑："我凡事（工作、家务、育儿）都力求完美，但这难道不是他人强加于我的价值观吗？"**那些认为自己深受父母完美主义影响的人，请你们要试着养成多从原生家庭找原因的思维习惯，同时要及时止损，拒绝完美主义对自己的捆绑。这样不仅能开阔思路，包容更多元的价值理念，还能帮助父母也从完美主义的牢笼里解脱出来。

本书前面提到的小S就深受母亲"凡事必须尽善尽美"的影响，曾经的她一直对此深以为然。孩童时代的小S，不论是学习、课外活动，还是兴趣班、补习班，所有的事情都努力做到最好。

在这之后的人生中，无论升学还是就职，小S一路都听从了父母的建议。虽然内心热爱艺术，渴望悠然自得的人生，但她还是屈从了父母的意愿，入职了一家证券公司。入职后的小S对工作也抱有一份"完美主义"的标准，加之她原本就是一个优秀的人，所以在完美主义的路上越走越远。但是逼迫自己把完全不感兴趣的事情做到完美，让小 S 越来越感到痛苦。在这种煎熬中，她把自己的男朋友介绍给了父母，然而小 S 的父母却以男方父母为由，强烈反对女儿和他结婚，两人最终没能走到一起。分手带来的巨大打击让小 S 的心态彻底失衡，身体也垮掉了，无法继续工作，已经被逼到了绝境的小 S 最终被迫开启了"人生重置"。

有一段时间，苦于身心不适，小 S 甚至都无法乘坐公共交通工具。在休养期间，也是一时兴起，小 S 免费接受了一次 16 型人格测试（16 Personalities）[①]。结果发现自己具有外向型、直觉型、思维型和探索型的人格特征，这让小 S 感到非常意外。她终于意识到原来自己丝毫没有完美主义的性格要素，一直以来为了追求完美，自己到底付出了多少啊。从这之后，小 S 决心不再勉强自己，一点点摒弃了完美主义。

每当小 S 无意中发觉自己又出现"完美主义"倾向时，就会告诉自己："不对，这是母亲的价值观念吧？虽然我不屈从母亲的意愿，按照自己的意志行事，肯定会遭到母亲

---

① 译者注：心理学家布里格斯和迈尔斯母女将前辈卡尔·荣格的 8 种人格类型理论进一步拓展，并提出了迈尔斯－布里格斯性格分类法，将个体测量分为 16 型人格。

的强烈反对。但是我想这对于母亲来说，也是一次难得的机会。通过我的'反抗'，也许母亲也能接纳多元的价值观念。"后来，小S放弃了原本并不适合自己的工作，选择了一份符合自己价值观的时尚事业，作为时尚搭配师走上了创业之路。

首先，你要学会摆脱一直背负的"完美主义"这一沉重包袱。作为参考，此处列出了小S挑战自我（〇）以及躺平放手（×）的思维方式。

〇学会依靠别人。

× 比起依靠别人，还是亲力亲为更能把事情做好。

〇信赖自己、信赖他人（相信自己与他人）。

× 严于律己、也严于待人，想当然地认为对方应该和
　 自己一样做到完美。

〇比起结果，更注重过程。

× "要是不完美，就是失败"，深陷非黑即白的思维
　 模式。

〇失败是礼物，经验才是价值。

× 畏惧失败，因而过度谨慎。

摒弃完美主义，人生方有"留白"。而这一点"留白"能让你内心从容，步履坚定，聚焦更重要的人生课题，在自己热爱的事物上倾注所有精力，全身心享受着人生逐梦的精彩历程。

♡修正人生轨道的要点②: 不念过往 ♡

修正人生轨道的另一要点是及时止损，别让沉没成本拖垮你。不要让自己一味地沉浸在过去的付出当中，无法割舍，进而患上"舍不得病"①。

这种"舍不得病"的本质就是对过往的执念。 因为舍不得自己曾经的付出，总以患得患失的心态去做选择。这样的话，你选择了什么，未来也就只会得到什么。"我想做出改变！想要新的人生选项，但是总是充满畏惧和不安，也舍不得过去付出的所有，所以就这样硬着头皮继续下去吧！"这样的人生就如同时踩着刹车和油门，只能是寸步难行。

---

① 译者注：在本书中，"舍不得病"指的是人们为了避免损失而带来的负面情绪，从而以非理性的方式继续付出，觉得放弃了就太可惜了的一种心理。

放下对过往的执念，就会出现新的人生选项。当然，即使你舍弃了过往，也并不意味着自我价值的贬损。相反，及时止损能让我们做出最优选择，去迎接新的挑战，助力自我成长，增加人生的经验值，然后不断创造属于自己的、新的附加价值。

不要对过往难以割舍，过往投入的所有"成本"都是对未来人生的一份投资。

增强自信心的方法

只有重拾自信心，才能放下对过往的执念。自信指的是无论发生什么，都相信自己拥有应对的能力，认定自己一定没问题！

过往的经历都是你人生的宝藏，没有哪一段经历是无意义和无用的。人生的经历会给予我们丰富的智慧，所以不管发生什么，我们都能够修正人生的轨道。重要的是，人的一生不是要寻找正确选择，而是基于自己的标准做出选择，并通过努力让这个选项成为正确答案。

记得从前不知在哪里看到过这样一句话："如果你感到迷茫，说明你拥有宽广的人生。"我觉得这个想法真的很棒，所以一直记在心里。前往未知的世界，我们总会感到迷茫。但是如果今后我们还能拓展人生的广度，那么就将那些铭刻在心并内化成"细胞"的过往经历，变成厚重的学识和宝贵的精神财富，努力把自己的选择变成正确选项。这听起来相当不错吧。当你选择相信自己，奔向未来的那一刻，自信心也必将油然而生。

成功人士为什么总是自信满满

到现在为止，我与多位成功人士打过交道。在我看来，真正自信的人，从来都不是因为有什么伟大的成就，而是源于他们能回归自我。旁人只看到了他人的成功，却忽视了他们背后的无数辛酸和失败。成功不是一蹴而就的，成功人士也并不是次次都有所成就的。所以，对他们而言，并不是成就使人自信。

在我看来，他们的自信满满反倒是源于"不以结果论英雄"。这些成功人士认真对待他们的每一次决策，并努力做出最优的选择。

如果你每次都努力寻找最优解，那么自然而然就不得不听从内心的声音。因为是遵从自己内心做出的选择，所以也就没有推卸责任的余地，不能再找借口说"都是因为×××这么说的"，自然也就会为自己的选择负责。最终，因为我们已经做出了自己最好的选择，所以无论怎样的结果，都能抱有一颗自信的心去坦然面对。

如此一般，自信的人总是能回归自我，忠于自己的内心，并在磨炼中不断自我进化。正因为如此，他们才能充满自信。

从另一方面说，人的想法总是变来变去的，昨日订立的目标可能已不再是今日的目标。我们总是随着时间的流逝，不停地调整和优化自己的人生目标。当某一理想成为现实后，又会有新的理想产生。人生就是这样盘旋在理想和现实追逐的上升通道中，这或许就是人生的本来样貌。我的人生也同样如此，作为情感咨询师开辟了情感关系的个人事业后，又迈入了自我品牌营销以及室内装饰设计的新领域。我总是在旧的心愿达成后，又寻觅到新的奋斗目标。人生就是处在不断的变化之中。

这样一想，无论身处何种境遇，不断挑战，持续自我更新的这个过程，远比结果更为宝贵。以这样的姿态去体会人生，你会真切地体会到"活着"的感觉，内心无比富足。

放下那些 "过往的成功经验"

另一个让你难以放手的就是 "以往的成功经验"。

当你固守原有的那套成功理论时，就会惧怕迎接新的挑战。绝大多数人过度依赖自己过往的成功经验，不敢轻易做出改变，即使想要迈向下一阶段，也还是固执地认为 "不按原来的那套是行不通的"，因而主动放弃了其他选项。这实在是太可惜了。

随着时代的发展，别人认为 "好" 的东西和自己认为 "好" 的东西，都在不断变化。**当然，于己而言，舒适惬意的生活方式也会随着时代不断改变。**

以发型和妆容为例，随着年龄的增长，容貌势必会有所不同。过去追求 "可爱风"，如今也逐渐演变成了追求 "最适合自己" 的风格，妆容也随着年龄和心境的变化而改变。但是也有人因为年轻时的妆发被太多人称赞，人们总说："你真美，好可爱！" 从而沉溺于过往的成功体验，固守以往的风格，坚信 "可爱风" 就是最适合自己的，于是与自己年龄和气质不符的 "可爱风" 万年不变。

在商业的世界里，如果你抱有一种僵化的商业思维，总是固守一种商业模式，那么企业就无法如你所愿实现可持续的发展。一成不变确实会带来一种安全感，但人又是矛盾的，容易喜新厌旧。

无论是客户的喜好，还是商家的喜好，都是随着时代的变化而不断改变的。能够抓紧时代潮流的风口，时刻迭代更新，不仅能为客户创造价值，也能在事业发展中实现自我提升。想要拓展事业版图，就必须营造能与客户共同发展、共同进步的环境。

不安、烦闷就是你该"放手"的信号

当你感到莫名的烦躁与不安，就到了该"放手"的时机。其实，**如果你什么都不愿舍弃，是不会感受到烦闷与不安的。**正是因为到了不得不舍弃什么的时候，才会感到焦虑不安。

当内心开始焦虑与不安，其实你的潜意识已经感知到"当初认定它是对的，才坚定走下去，可是现在怎么感觉和我当初想象的不一样，是不是方向错了呢""已经没有什么成长空间了"。是的，你的这些疑虑与不安，其实是你"依旧在成长的证据"。所以，**请你一定要相信内心的"传感器"。**

另外，很多时候，我们因为经济原因，想放手却不能放手。例如，明明想逃离现在的职场，却因为对找新工作抱有不安，而不敢轻易放弃眼前的工作。但是如果你能重新审视自我，明确自我价值和自己可以创造的附加价值，就能消除这份不安。意识到自身更多的可能性，就能给自己赢得更多的选择机会，总能在众多工作中找到最适合自己的。

不要妄想那些根本没有发生的担忧，担心自己"找不到下一份工作可怎么办"。而要着眼于当下自己能做到的，率先行动。其实，我们的内心知道下一个人生的舞台已经搭建好了，所以向我们发出了信号"不要犹豫，前进吧！现在就是最好的时机"自己的道路必须靠自己开拓。所以，迈开坚定的脚步，走好自己无悔的人生路吧。告别过去，美好的未来正向你招手！

即使选择离开，依旧可以继续"报恩"

小 Y 曾是某企业的二号人物，精明强干，工作极其出色，也赢得了员工的信赖。但是身处职场巅峰的她却一直想离职，希望可以挑战新的事业。

小 Y 万般纠结，时常会陷入矛盾之中：自己想去体验新的人生，挑战新的事业，可是一直以来老板待我不薄，我不想辜负他，又如何能做到一走了之呢？如果我走了，那些我亲自培养起来的员工怎么办？小 Y 害怕自己辛苦积攒的人脉付之东流，也担心在职场练就的技能没了用武之地，在逃离与坚守中不断摇摆，进退维谷。

但是，小 Y 放弃当下工作真的就是背叛他人吗？就是浪费了所有过往积攒的价值吗？听了小 Y 的讲述，我给出了否定的答案。因为即使小 Y 从那家企业离职，也并不代表小 Y 和老东家的缘分已尽。小 Y 依然可以回报老东家的知遇之恩，从外部帮助前公司。在人际关系方面，小 Y 可以向他们说出自己的真实想法，想必其中一定会有人能够理解并选择跟随她，而且小 Y 至今培养的技能和拥有的价值也并不会成为一张白纸。

进一步说，对于前公司来说，二号人物的出走可以给公司注入新鲜血液，也能把位置让给新生代，让他们在更大的舞台上为公司创造价值，助力公司持续成长。所以，即使离职，也依旧能够"报恩"，给自己、也给前公司一次成长的机会。离职者完全可以和前公司形成这样良性的互动关系。如果这样思考，是不是就能看到离职带来的积极意义了呢？

这之后，小 Y 下定决心毅然离职，开辟了新的事业。现在的小 Y 依旧和前公司保持着良好的合作关系，每天过得开心充实。

你要想得到一些东西，有时候就必须敢于放弃一些东西！学会给自己的人生留白，就能有精力去不断学习和挑战。小 Y 在坚守和逃离之间摇摆而产生的犹豫和焦虑，正是告诉她该去放手的信号。让我们也积极抓住内心释放的信号，勇敢跨入人生的下一个阶段吧。

♡ 始终给自己留点空白 ♡

为什么我如此重视"放下对完美主义和过往的执念"，因为这是为了给人生留出一些空白。**如果人生填得太满，就没有了学习新知识、挑战新事物的心力和时间，自然就无法坚持自我，不能修正已经偏航的人生轨道。或者虽然保持了自我，却也失去了发展自我的可能。**

未来是"个体"崛起的时代，也是快节奏的时代。虽然每个员工期待着被终身雇用，但是没有哪一家公司可以保证雇佣一个员工一辈子，因为当今世界瞬息万变。

所以，如果做不到不断提升自我、保持终身学习、拓宽自己的视野以应对时代的加速变化，那么活着就成为一种痛苦。无论何时，都要持续为自我成长、提升价值、创造价值"播种"，而这种播种就是学习。

在人生的每个阶段，都要去学习自己感兴趣的知识

持续学习指的不是读完大学后继续读研究生，而是指生活中处处都能学习的一种姿态。

例如，假设家里有两个孩子，那么第二个孩子算是"第二次育儿"。虽说都是"孩子"，但是不同孩子的性格特征千差万别，并且还有性别的不同。

如果我们只从"育儿"这个单一的视角看待，那么养育老二就只是多一次育儿的经历而已，父母没有任何新的发现和体会。但是如果把两个孩子当作完全不同的个体看待，换一个视角，你就会有新的发现，会在第二次育儿中收获新的知识和感悟。

而且在二胎出生前，你应该已经大量更新了自己的育儿知识。在养育二胎的过程中，不断实践这些方法和理论，使自己获得新的成长。这本身就是一种学习。

除此之外，学术界也是同理。虽然有些研究是继承了前人多年的学术成果，但是每年仍有大量新的研究不断涌现。特别是心理学领域，我也正在阅读学习这些最新的研究成果。这种保持学习的姿态，不仅提升了自我，还能将新知识灵活地融入讲座中，持续更新和丰富课程内容，把最前沿的知识带给学生。

世界很大，知识无限。我们要如海绵吸水一般，不断获取最新的信息，学习最前沿的知识，让自己与他人都能不断成长。虽然我们也没有必要因此就认为自己依旧不够成熟，但是还是要怀着谦虚好学的态度，迎接和适应时代的变化，将自我融入时代，不断自我进化，去创造新的价值。从不同层次去遇见全新的自己，也就造就了更多实现自我的机会。

去学习每个当下内心最渴望的东西

也许很多人说："突然叫我去学习，但我根本不知道学些什么。"其实，没有正确答案告诉你什么是"学了准没错，将来定能助你成功"。

美国苹果公司联合创始人——史蒂夫·乔布斯有一句名言：

"You can't connect the dots looking forward;

You can only connect them looking backwards.

So you have to trust that the dots will somehow connect in your future."

这段话表达的是："你不可能将未来的点滴串联起来，但是你可以通过回顾将过往的点滴串联起来，所以你必须相信这些点滴会以某种方式在未来的某一天串联起来。"

换言之，当下学到的知识就是"点滴"，在未来的某个时刻，这个点滴能否汇聚成线，当下的我们不得而知。正因为如此，你要相信自己此刻内心的渴望，想学什么就去学习什么。这些来自"当下"的知识，正是为未来播下的种子。

进言之，为了让自己的能力得到充分提升，将过往提升的自我价值（＝点滴）和现在想做的事情关联起来，进一步创造自己的附加价值也尤为重要。**学习新的知识固然重要，但一定不要忘记活用过往的经验。**

即使放手，那些技能依然如影随形

在此之前，本书讲解了学会放手的重要性，因为学会放手能够给你的人生留出空白。也许有人对"放手过往"感到不安，但是完全不必担忧。放手过往，那些积累的价值并不会因此消失，原有的技能在新的环境下也必有用武之地。

例如，当你从银行职员转行成为一名咨询师时，确实放弃了原本银行的工作，但是你在银行工作的那些年里学到的技能，一定也能在咨询业务上大放异彩。这些技能可能是待客能力、灵活的应对能力，也可能是从与各界人士的接触中学到的知识和沟通能力。重要的是要将放手过往当作是人生的一次宝贵经验，去缔造属于自己的未来。

比起物质，不如贡献智慧与技能

为了不断提升自我价值，创造实现自我的机会，还有极为重要的一点是要做到与他人构筑双赢关系。

例如，当我们想要给予和帮助他人时，虽然也可以投其所好，赠送对方喜欢的东西，但是如果我们能贡献自己的技能和智慧，就能与他人形成双赢的良性循环。在生意场上，能与他人构建双赢互惠关系的人，也必定能取得令人瞩目的成功。

那些能将生意越做越大的人必然也擅长"给予"，一定与他人建立了合作共赢的商业关系。**他们持有一份"利人利己，独乐乐不如众乐乐"的双赢思维。**

此外，那些既不想花钱也不想花精力，只想不劳而获的人，很遗憾是得不到他人的帮助，事业也注定不会成功的。

谈到这里，我想讲讲关于小 J 的故事。小 J 曾参加过我的一个讲座。当时她报名的那个班里，大部分学生都是创业者，而且他们的社交媒体都小有名气，大多拥有超过1万的粉丝。当时的小J初出茅庐，身处这样的环境，总是不禁要和他人做一番比较，"我的粉丝好少啊""大家都好多粉丝，我看起来也太普通了"。就这样，小J渐渐地失去了自信。

但是小J是一个认真心细的人，她把听讲的心得，特别是通过大家讨论看到的每一位学生的优缺点都记录在了Excel表里。我知道这件事后，便对她说："其实小J，你不是一无是处，不要老说自己太普通了，把这个Excel表和大家分享一下，不是也挺好的吗？"于是，小J将Excel表整理好，并从一个"普通人"的视角出发，附上了自己的建议，和大家进行了分享。

当看到小J认真制作的这份Excel表时，大家无比感动和喜悦。最重要的是，小J终于重拾了自信。过去的小J总觉得自己"一无是处"，通过这件事，她才意识到原来自己也有很多优点，也能贡献自己的价值，也能够影响他人。在这之后，参加讲座的学生们开始通过自己的社交媒体互相推荐、互相引流，大家真正开始了彼此贡献。

刚踏入创业大军的小J，擅长站在用户立场去分析问题、提出建议。正因为小J能够立足自身优势，主动为他人贡献力量，助力他人的事业发展，所以他人也开始正向回馈小 J。她们从自身的优势出发，主动向小 J 分享经验，帮助小 J 弥补短板。小 J 记录的那份 Excel 表成了大家互帮互助的一个契机。从这个意义上来说，小 J 拥有强大的影响力。"因为普通，所以无用"，完全是无稽之谈。

对企业的团队建设也能有所帮助

贡献自己的智慧和技能同样也有助于企业内部的团队建设。

参加讲座的小 M 是一家工厂的技术员。技术与经营总隔着一道鸿沟，小 M 所在的技术部门和经营部门之间一直很难构筑信赖关系。但是小 M 希望打破这种僵局，让两个部门能够顺畅地沟通与协作。所以，她在调查了国外企业的相关信息后，从经营决策的视角汇总和整理好资料，分享给经营部门。

最初经营部门的反应有些冷淡，但是小 M 没有气馁，在这之后也多次修改内容，与经营部门持续分享。对方偶尔会回复小 M，她总是认真回应对方的要求。在这个过程中，技术部门与经营部门的信赖关系渐渐得到了强化。

这之后，小 M 所在的技术部门也出现了想要帮助她的同事。这时，小 M 并没有责怪同事"事到如今才说帮忙"，而是说道："好呀，那你能帮我调查一下 ×× 吗？"毫不吝惜地分享了为部门做贡献的机会。随着技术部门为经营部门提供的信息越来越多、速度越来越快，两个部门之间的信赖感也越来越强。技术部门也越来越容易从经营部门获得经营的相关信息，两个部门同事之间的交流也越来越多。

不管在什么场合，身处怎样的人际关系，如果我们能够分享自己的智慧多帮助他人，送人玫瑰手有余香，我们也会获得他人的无私帮助，最终构筑起双赢互助的和谐关系。

进一步讲，如果你时刻记着与他人分享，无论自己拥有什么都会自然而然地想到这些是不是能够帮到他人，那么你就会乐于把自己拥有的资源或得到的帮助回馈他人，形成共赢思维。这样，你总会最大限度地将自己得到的分享给他人，最终自己也会得到巨大的回报。

那些能够收获幸福与成功的人，都是善于分享自己智慧与技能的人。他们将一切视作自我成长的契机，不断分享，总能让自己和他人都收获快乐。

这才是真正的双赢关系。

♡ 第三选择让我们双赢 ♡

当你与他人抱有不同的期望时，是怎么做的？一般来说，不是你迁就妥协了对方，就是对方做出了让步，还有可能是你们俩做了折中的选择，寻找到双方都可接受的那个点，这也是较为普遍的做法。

但是这3种方式都无法让你与他人构建双赢关系。如果迁就一方，另一方的意愿就无法满足，而选择折中的方案，大多时候是双方都做了让步与妥协，哪一方的意愿都没有得到满足。要想实现双赢，既不是单方面倾向于某一方，也不是折中，而是要找到完全不同的、令双方都满意的第三个选择。

我也曾有过这样的经历。

曾经有一家企业向我发出邀请，希望我能在一个视频平台上做一场网络研讨会。虽然很感激那家企业对我发出邀请，但是我不是很喜欢网络研讨会这种形式，因为线上网络研讨会是无法看到与会人员的。其实，我很期待能看到听众的表情，与他们进行交流。所以，如果在线上能看到与会听众的脸，我觉得自己可以顺其自然地讲下去；但是如果看不到听众，对着电脑不停地讲话，就有些痛苦了，而且一讲就是 45 分钟。我有些犹豫了，"一个人对着电脑，还看不到听众，一讲就是 45 分钟，实在是有些吃不消啊"。

但是对方公司一番好意专门拜托我，我也有心想要帮忙。所以，我开始思考怎么能有一个两全其美的办法。最终，我想到了一个方案，并告知了主办方，"一个人讲 45 分钟稍微有些吃不消，但是如果可以再邀请一位人士，以对谈的方式进行，我就完全没问题了"。

之后，对方爽快地接纳了我的提议，我也不用背负太大的压力进行演讲。最终，不仅在场的 1800 名嘉宾听得尽兴，我也享受其中，主办方更是相当满意。

就像上述事例一样，通过提供第三选择实现双赢，最重要的是要坦诚沟通，尤其是要向对方传达自己的真实诉求，同时也要让对方说出他们的真实需求。虽然刚才说的是工作中的案例，但上述道理同样适用于亲密关系等一切人际关系的场景。

如果懒于交流、疏于沟通，就只能看到对方呈现出来的表象，无法得到让双方都满意的结果。

　　只有通过坦诚的交流和认真的讨论，才能跳出双方的框架去看待问题，去找到最优的第三选择。这是帮助你构筑双赢关系的重要方法，请你一定要记住哦。

后 记

　　每个人都有心之所念。我一直相信只要我们听从内心，为自己而活，就能漫步人生，获得内心的丰盈与充沛。

　　当然，人生路漫漫，总有不得不跨越的坎、不得不接受的考验。但越是千锤百炼，越能积淀深厚的底蕴，通往只有历经风雨才能抵达的世界。

　　当你抵达那个世界的时候，目之所及是如你所愿的全新世界。我真是太喜欢这种在抵达人生彼岸后体会到的"活出自我"的快感了。

　　当今时代，无论身处怎样的环境，处于怎样的人生状态，我们都可以顺着自己的心意而活。也许有时我们对实现心之所愿会感到无能为力，也许有时我们会将那些无法实现的梦想搁浅在心里，好似它未曾来过。

　　但是，我希望你知道，
　　能让自己幸福的，不是他人，而是你自己。
　　抛下自我去取悦外界，并不能让自己内心富足。
　　能让自己内心富足，感受幸福的是实现心之所愿，是活出真实的自我。

凡事都独自思考、亲力亲为，确实很麻烦，因为这要承担更多。但是人也是在承压的时候，才更能学到知识和收获成长，这也是事实。

因为把自己的人生托付给"他人"，按照他人的期待生活会更加轻松，所以人们总是想要依赖"他人"。这个"他人"也许是你的伴侣，也许是你就职的公司，也许是整个社会。这也是一种人生，也有人会为这种寄托于外在的人生而感到幸福吧。活法没有好坏对错，如果能让你感到幸福，那就是最好的活法。

但是如果你感到不安与焦虑，那就是人生脱轨的信号。不要对它视而不见，请一定要聆听内心的呼喊。

得失总是相伴而生。如果你选择将人生寄托于他人，那么也就失去了"活出自我"的机会。

与当下的处境无关，你完全可以选择按照自己的意愿度过一生。但现状是，大多数人常常以周遭的人与事为借口去逃避人生的责任，认为自己无法做到活出自我。可是，这只是你的"一厢情愿"罢了。

如果这本书能帮助你直面自我，按照自己的意愿重新掌舵人生的方向盘，那么没有比这更让我高兴的了。希望每个人都能结合自身，活用书中提到的这些方法。

从现在开始，让我们为实现精神自立和经济独立而舒展自我，畅享人生吧！

弘子·格蕾丝（Hiroko Grace）